伴侶動物の心電図

診かたと考えかた

竹村直行
日本獣医生命科学大学

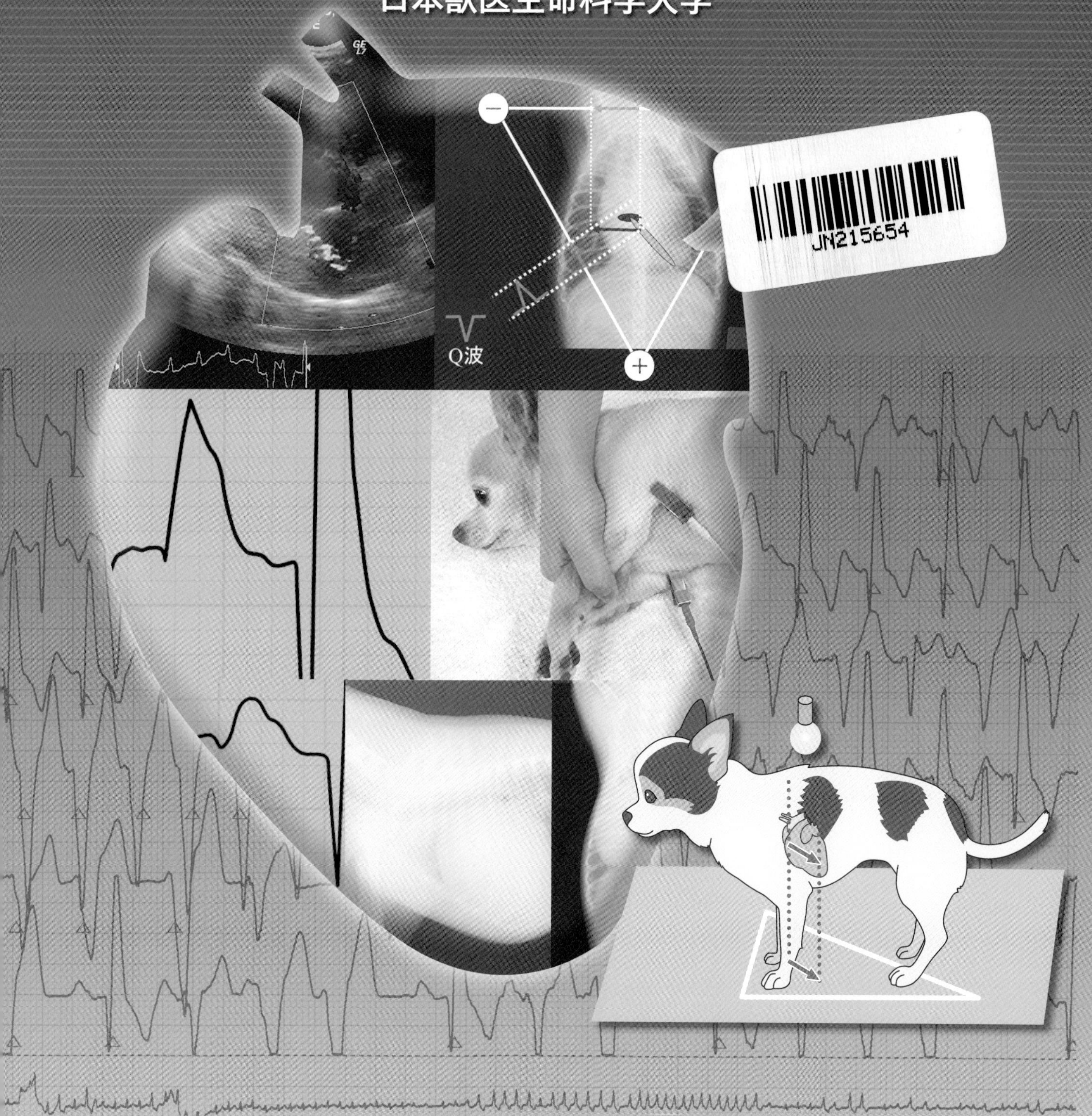

ファームプレス

はじめに

本書は，2005年に自費出版した「Hyper Basic 小動物心電図」の改訂版です．「Hyper Basic 小動物心電図」では，心電図波形の成立機序および心腔拡大の２点を特に解説しましたが，不整脈についてはほとんど触れませんでした．今回の改訂では，伴侶動物での代表的な不整脈に関する解説を加え，タイトルもこれに倣って変更しました．

私は勤務する職場で多くの学生に心電図検査の講義や実習に携わってきました．同時に，全国で心臓病学に関する講演をお引き受けして来ました．そして，心電図学は多くの学生や獣医師にとって難解な領域と受け止められていることを実感しました．

心臓病が疑われる動物はもとより，健康診断，麻酔中のモニタなど，心電図検査は伴侶動物医療になくてはならない検査の１つであることは明らかです．だからこそ，心電図検査を苦手とする学生や獣医師が多い現状を打破しなければならない，と私は考えています．

なぜ，心電図学は難しいのでしょう？

これには多くの理由があるでしょうが，根本的には教育に原因があると私は思います．

大切な領域には，必ずよい教科書があります．伴侶動物でも，これまでにいくつか心電図学の解説書が発行されてきました．無論，素晴らしい書籍ばかりだと思うのですが，同時に「初学者がつまずきやすく書かれている」という欠点が共通して見られると思います．

では，初学者はどのような点につまずくのでしょう？

多くのテキストが最初に取り上げる心筋の電気生理であり，電流や電位差であり，少し取っつきにくい書き方（文体）だと私は思います．

そこで本書では，平素で判りやすい文章を心がけたのは当然のこと，心筋の電気生理にはほとんど触れませんでした．

この思い切った（非常識的な⁉）処置を，心電図学の伝統的な学習法を重んじる専門家は「とんでもなく許しがたいこと」と思われるでしょう．しかし，心筋の電気生理は，不整脈を含め心電図学を一通りマスターし，さらに知識を深めようとする際，具体的には抗不整脈薬の学習をしっかりする際に学べばよいと私は確信しています.

伴侶動物医療分野でも，確かに初学者向けの心電図学の解説書が発行されてきました.しかし，獣医師国家試験に出題される心電図や不整脈の問題，臨床現場で求められる心電図学に関する最低レベルの知識を鑑みると，これらの初学者向けテキストの内容はよくいえば物足りない，厳しくいうとレベルが低いと私は痛感していました.

そこで，本書は「獣医学科の学生，または伴侶動物医療現場に従事する獣医師が心電図学を学ぶ際，あるいは復習する際に最初に読むべき入門書」という位置づけで改訂しました.すなわち，本書はあくまでも「入門書」であって，「これさえ読めば，心電図学の全てが理解できる」という網羅的な記述をした解説書ではありません.本書の内容を理解したら，是非とも参考図書に掲げたより高度な解説書に進んで下さい.

本書で用いた学術用語は「循環器学用語集（第3版，日本循環器学会用語委員会・循環器学用語合同委員会，2008年）」および「医学大事典（第2版, 医学書院）」に従いました.

改訂にあたり，これまでに私が記録した膨大な数の心電図を献身的に整理して下さった戸田典子先生（当教室大学院特別研究生）に心からお礼申し上げます．また，制作から発行まで丁寧に作業して下さった平野圭二氏（ファームプレス）にも深謝します．そして，本書の内容や不整脈に関してご助言下さった藤井洋子先生（麻布大学）にも深甚の意を表します．また，私に心電図学の基礎を叩き込んで下さった故・内野富弥先生（日本獣医生命科学大学・元教授）のご冥福を心からお祈りします.

最後に，本書によって少しでも多くの学生や獣医師が心電図学に興味を持って下さることを切に祈ります.

2017年6月12日

Red Garlandの素晴らしい演奏を聞きながら

日本獣医生命科学大学

獣医内科学教室第二

教授　竹村直行

「Hyper Basic 小動物心電図」序文

皆さんが小学生だと仮定しましょう.

そして，これから初めて野球をすることになったとしましょう.

いきなりバッターボックスにバットを持って立たされて，プロの選手が本気になって，あなたに時速 150km のボールを投げてきたら，あなたはどう反応するでしょうか？... おそらく剛速球に驚いて，恐怖感を持つのではないでしょうか？ そして，こんな状況からは野球の楽しさ・面白さは経験できないのではないでしょうか？ 最初はキャッチボールをやったり，遅いボールを打ったりして，楽しみながら基礎を身につけるのが普通ではないでしょうか？

あるいは，全く泳げないあなたが，これから初めて水泳を習うことになったとしましょう.

コーチがあなたを足の着かない競泳用のプールに連れて行き，あなたに世界記録を要求して泳ぐように命じたら，あなたはきっと溺れてしまうはずです．そして，その経験がトラウマになり，あなたは水泳どころから，水を嫌うようになるでしょう．水泳の楽しさを経験するなんてとんでもありません.

心電図学を初めて学習する時，みなさんは上のたとえのようなことをしているのではないでしょうか.

心電図学は楽しいもので，大して難しくないのです．しかし，初学者（子供）がいきなり難しいテキスト（プロ野球選手の剛速球・競泳用プール）で心電図（野球・水泳）をマスターしようとすると，楽しさを実感する前に,「つまらない・難しい」という先入観・経験が完成してしまいます．これでは物事が頭に入るわけがありません.

でも，考えても見て下さい．心電図検査は動物の心臓の鼓動をモニタする重要な臨床検査の1つです．心電図が判ってない獣医師は，心臓の鼓動を評価できない獣医師ということです．このような獣医師の存在は，私は許されないと思います.

では，どうすればよいのでしょう．初学者が「つまらない・難しい」という先入観を持たずに，心電図学を学習できればよいのです．先入観を持つ原因は，私はテキストと教え方にあると思います．小動物の心電図学のテキストが何種類か出版されていますが，これらのテキストは初学者にしてみれば，決してやさしく判りやすいとはいえないと私は思います．そこで，初学者がこのような先入観を持たずに心電図学を学習できるテキストを作ってみました．それがこのテキストです．

みなさんと同じように，私も学生時代に生理学の講義と実習を受けて，動物にも心電図検査があることを初めて知りました．同時に私も“心電図アレルギー”になりました．今から思えば，その“アレルゲン”は電気生理学の難しさでした．

私は大学で獣医内科学や関連する臨床実習を担当しています．ですから，今の学生諸君の間にも“心電図アレルギー”が蔓延していることを知っています．そして，そんな“アレルギー患者”と話してみると，患者本人が「“何が判らないのか”が判らない」と答えるのです．なんと重症なことでしょう．

このテキストでは，“わかりやすさ”をとことん追求したつもりです．代表的な心電図学のテキストは，心筋の電気生理の解説から始まりますが，先ほども述べたように，この電気生理が意外と難解で，心電図学をせっかく学習しようとしても，この最初の部分でつまずいたり，学習を諦めることが非常に多いことから，このテキストでは，電気生理の解説を一切省略しました（電気生理は抗不整脈薬と一緒に学習した方が理解しやすい）．もちろん，電気生理学の知識がなくても，心電図学は理解できますから安心して下さい．

本書が一人でも多くの“心電図アレルギー患者”の撲滅に貢献できればと思います．

2005年7月
日本獣医生命科学大学
竹村直行

目　次

Part3 心電図波形の計測法と意義 25

Part4 心房拡大の心電図診断 35

Part5 心室拡大の心電図診断 43

Part6 生理的不整脈 51

Part7 病的不整脈 63

Part 1 心電図学を学ぶ前に

1 心機能とは？

心臓の機能とは，全身の末梢臓器の需要に見合う量の血液を絶えず送り続けることである．心機能は心拍出量で示される．図 1-1 に示すように，心拍出量は心拍数と一回拍出量の積である．心拍数は脈拍数を数えたり[i]，心音の回数を数えることで容易に調べることができるが，一回拍出量は簡単には測定できない．つまり，臨床現場では心エコー図検査を詳細に実施しない限り，心拍出量の測定は不可能であり，このため心機能は容易に把握できないといえる[ii]．ここで，心拍出量を心拍数と一回拍出量に分けてもう少し考えてみよう．

心臓が正常であれば，一回拍出量が心拍数に影響されることはほとんどない．このため通常は，心拍出量は主に心拍数に影響される．

心拍数は実に多くの要因に影響される．例えば，発熱，妊娠，貧血などの状態では心拍数は上昇するし，交感神経が緊張しても同様である．薬剤では心拍数に全く影響しないものもあるが，アトロピン，ジギタリス，β遮断薬は心拍数に影響する．ホルモンでは特に甲状腺ホルモンが代表選手である．甲状腺の機能亢進症では心拍数の増加が，そして低下症では心拍数の低下が見られる．

いっぽう，一回拍出量には主に 3 種類の要因が影響する．

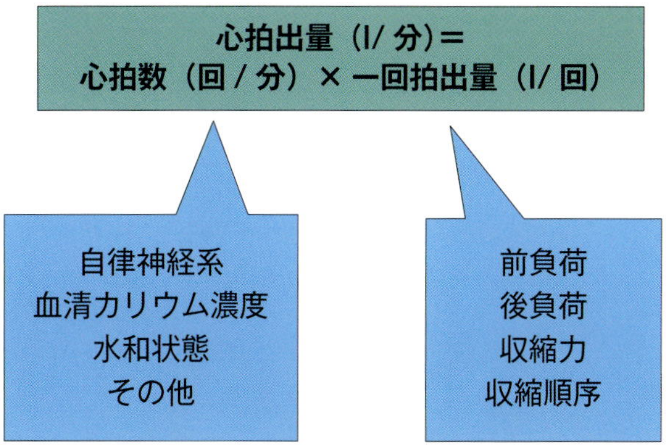

心拍出量（l/ 分）＝
心拍数（回 / 分）× 一回拍出量（l/ 回）

自律神経系
血清カリウム濃度
水和状態
その他

前負荷
後負荷
収縮力
収縮順序

図 1-1　心機能に影響する要因

第 1 に前負荷である．前負荷とは「拡張する心室に流れ込む血液の量または圧」と理解すると判りやすい．心機能が正常であれば，前負荷の増大により心拍出量は増大する（フランク・スターリングの法則）．前負荷は循環血液量と静脈の太さ（つまり静脈の拡張程度で，これは静脈容積に影響する）に左右される．

第 2 に後負荷である．後負荷とは「動脈の収縮（または緊張）程度」であり，「心室が収縮する際の心室にかかる抵抗」と理解するとよい．後負荷は血圧と密接に関係する．これは交感神経系に最も強く支配されるが，これ以外にもバソプレッシン，アンジオテンシンⅡなどにも支配される．

最後が心収縮力である．これは単純に心筋が収縮するときのパワーと理解してよい．この心収縮力も交感神経系に影響されるが，心

---

i) 脈拍とは，心収縮により動脈に流入する血液量が増加する際に，一過性に生じる律動的な動脈拡張のことである．動脈を触知するとピクッ・ピクッという感触が得られるが，1 分間あたりのこの回数が脈拍数である．心拍数は 1 分間の心拍動数で，一般的には心臓の聴診や心電図検査で測定できる．不整脈が発生すると，心臓は拍動しても，十分な血液量を拍出できない場合がある．この際，脈拍は発生しないことが多い．このように，脈拍数および心拍数の意味は異なるのである．

ii) このため，運動不耐性などの心不全徴候を問診で入念に確認することが重要になるのである．

筋の病変（線維化，心筋線維の減少・消失）および心筋の収縮順序も関与する．

心筋の収縮順序について少々解説を加える．正常では僧帽弁付着部直下の心室中隔，そして心室中隔の左室側中央部が最初に収縮する．これは正常な経路を伝達してきたインパルスが，この部位から心室筋を興奮させるためである．しかし，例えば右心室壁がいきなり興奮して，その興奮が心室全体を伝わった場合には，右心室壁で発生したインパルスが刺激伝導系を異常な順序で伝導するため，心室の収縮順序は当然異常になる．

2 心電図検査から得られる情報

心電図のテキストを見ると，心電図検査は優れた臨床検査であることが強調され，そのメリットがまことしやかに並んでいる．ここでは心電図検査から得られる情報を「どの程度まで信頼できるか」を基準に，以下のように分類する．

(1) 心電図検査でなければ判らないこと

心電図検査以外に調べようがない情報を得ることが，この検査の最大の目的である．心電図とは，心筋（刺激伝導系ではない）の活動電位（興奮状態）を波形に変換して記録されたものである[iii)]．心筋の電気的な活動過程に変化が生じれば，それは心電図波形に反映される．つまり，心電図検査でなければ判らないこととは，心筋の活動電位の推移やその状態である．

それでは，心筋の電気的活動過程が変化する原因は何であろう？

最も代表的なのは不整脈である．心電図検査が最大限にその威力を発揮するのが不整脈の確定診断である．

不整脈は刺激生成異常および刺激伝導異常の２種類に大別される．刺激生成異常には，本来のペースメーカ（洞結節）以外の刺激伝導系がペースメーカを担当している状態，そして洞結節の刺激生成頻度の異常（つまり心拍数の異常）の２つの状態がある[iv)]．これに対して刺激伝導異常には，インパルスが刺激伝導系を伝導する際に伝導が一部で遮断されたり，遅延する状態，そして正常では存在しない刺激伝導系を介してインパルスが伝導する状態が含まれる[v)]．

(2) 心電図検査でも判る（場合がある）こと

心拍数はわざわざ心電図検査をしなくても，大腿動脈[vi)]の触診で脈拍数を数えたり，聴診器で心拍数を数えれば判ることである．別のPartで解説するが，心拡大は心電図検査で確認できる．しかし，胸部Ｘ線検査や心エコー図検査の方が確実で，心電図検査よりもはるかに感度および特異性が高い．血清電解質濃度，特にカリウムの異常は心電図波形に反映されるが，これも同様である．高カリウム血症に特徴的な心電図所見が認められ

---

iii)「はじめに」でも述べたように，本書では心筋の活動電位に関する記述は極力避けた．これは筆者が心電図学の学習に活動電位が不要と考えているからではなく，初学者にとって心電図学をつまらなくする最大の要因だからである．心筋の活動電位に関する知識は，抗不整脈薬の作用機序を学ぶ上で不可欠である．

iv) 洞房結節 sinoatrial node とも表記する．

v) 我々はどのような場合に不整脈の存在を疑うべきであろう．第１に，心臓の聴診で心音リズムが不整な場合である．これは明らかに不整脈の存在を示す所見であるが，不整脈の確定診断は不可能である．第２に動脈圧の変動である．既に述べたように，不整脈により一回拍出量は減少し，これは動脈圧の低下を招く．心音不整は不整脈を示すが，心音が不整にならない不整脈もある．筆者は心臓の聴診と大腿動脈の触診を同時に行うことを推奨しているが，それは心臓の聴診だけでは見逃すことがあっても，大腿動脈の触診を同時に行うことで不整脈を見逃すリスクが低くなるからである．最後に稟告と臨床徴候である．不整脈の中には失神，虚脱，食欲不振，元気消失などの臨床徴候を示すものがある．

vi) この血管は英語では femoral artery という．一部の臨床医はこの動脈を股動脈と呼ぶが，股動脈という解剖学用語はない．誤解や混乱を避けるためにも，正しい用語を使用すべきである．

れば，高カリウム血症を強く疑うことができる．しかし，このような所見が認められない場合でも，高カリウム血症を否定できず，血清カリウム濃度を測定する方が確実である．同様のことが酸塩基平衡の異常に関してもいえ，心電図で判断するよりも血液ガス検査を実施した方がはるかに正確な情報が得られる．

心臓は自律神経の支配を受けている．洞結節の刺激生成頻度（つまり心拍数）は特に迷走神経の影響を強く受けている．このことを利用して，迷走神経の緊張度を評価する試みが研究され，心拍数の変動がこの緊張のパラメータとして脚光を浴びている．今後の研究が進み，この係数の臨床的意義が確立されれば，心電図検査でなければ判らない情報になると期待される．

(3) 心電図では判らないこと

漠然と「心電図検査により心機能が判る」と信じ込むのは誤りである．

先程述べたように，心機能とは心拍出量である．心電図検査では心拍数を知ることができるが，一回拍出量に関しては何ら情報を得ることができない．心電図所見が正常であっても，実際には心臓病が存在して，心拍出量が減少しているケースは珍しいことではない．最も強調したいことがこのことである．

> 心電図検査では心拍数に加え，不整脈の有無やその詳細は判っても，一回拍出量は判らない

全身の循環状態に関しても同様である．心臓から拍出された血液は動脈を介して全身臓器に送られる．例えば，貧血や脱水により循環血液量が減少すると，生体に重要な臓器への血流量および血圧を維持するため，末梢血管は収縮する．この状態は心電図検査では評価できない．身体検査項目の１つである毛細血管再充満時間（CRT）の方がはるかに正確で情報に富んでいる．

3 まとめ

臨床検査には目的と意義が必ずある．

心電図検査の最大の目的と意義は不整脈の検出であり，それ以外の情報は他の検査でも確認できたり，あるいは心電図以外の検査の方が正確に評価できる場合が多い．そして，この心電図以外の検査には身体検査も含まれていることを強調したい．

不整脈は心機能を低下させる一因なので，心電図から心機能の一部が評価できるのは事実である．しかし，心電図検査と心機能検査はイコールの関係でないことは十分に理解する必要がある．

Part 2

心電図の誘導法と心電図波形

はじめに

このPartでは，心電図の誘導法，心電図波形の成り立ちと意義を解説する．このPartの内容は，心電図検査を実施し，得られた心電図波形を診断する際の必須の知識になる．できるだけ単純明快に解説するつもりだが，繰り返し読み返して理解を深めて頂きたい．

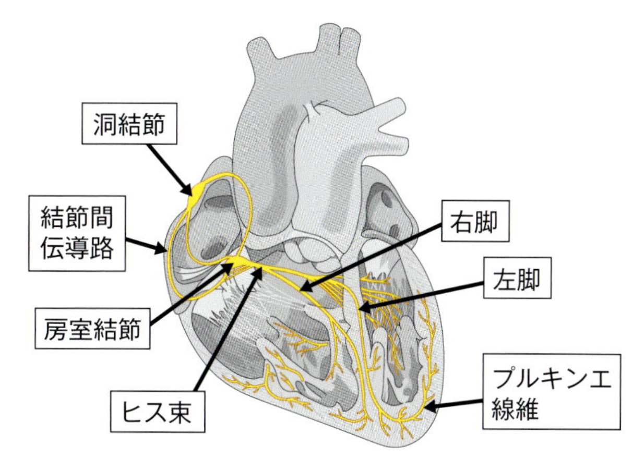

図 2-1　刺激伝導系

刺激伝導系

誘導法の詳しい解説の前に刺激伝導系について解説するが，それは刺激伝導系に関していくつかのポイントを理解していないと，心電図検査を学ぶことは不可能だからである．

(1) 刺激伝導系の走行

刺激伝導系を例えるならば「心筋内を通る電線のようなもの」といえば，非常に判りやすいかも知れない．しかし，実はこの考え方は誤りなのだが，その理由をここで述べると解説が複雑になるので後述する．

図 2-1に示したように，刺激伝導系は洞結節から始まる．洞結節は前大静脈と右心房の接合部付近に存在する．正常では，洞結節が「ピッ・ピッ・ピッ」と規則的に刺激を生成する部位である．このため，心臓のペースメーカといえば通常は洞結節を指す．

洞結節で作られた刺激は，心房筋内を走行する刺激伝導系に伝導する．これは洞結節と後述する房室結節の間に位置するので結節間伝導路と呼ばれ，前，中および後結節間伝導路の3本が存在する．結節間伝導路を刺激が流れる間，心房筋はこの刺激を受けて興奮・収縮する[i]．

3本の結節間伝導路はやがて1本にまとまるが，その部位が房室結節である．房室結節は心房中隔下部の右側，換言すると心室中隔頂上部に位置し，ヒス束と連結している．

房室結節は非常に重要である．なぜなら，心房と心室が電気的に連絡する唯一の経路がこの房室結節だからである．つまり，心房と心室は電気的には房室線維輪により絶縁されていて，正常では房室結節以外に刺激を心房から心室へ伝導する経路はない．

ヒス束は心室中隔（膜様部）を通って大動脈弁に向かい，大動脈弁の部位で2本に分枝する．この枝が右脚および左脚である．右脚は心室中隔の右側を下降し，乳頭筋を経由して右心室壁全体にプルキンエ線維として分布

---

[i] 心電図波形は心筋の興奮プロセスを示している．「心電図波形は心房や心室の収縮プロセスを示す」と誤解する初学者がいるが，これは間違いである．また「刺激伝導系にインパルスが流れると，それが心電図波形として描かれる」という考えも間違いである．

表 2-1　刺激伝導系の伝導速度と内因性刺激生成頻度

伝導順序	伝導速度（mm/ 秒）	刺激生成頻度（回 / 分）
洞結節	−	70 〜 160
↓		
結節間伝導路→心房筋	800 〜 1,000	なし
↓		
房室結節上部	50 〜 100	なし
↓		
房室結節→ヒス束	800 〜 1,000	40 〜 60
↓		
右脚・左脚	2,000 〜 4,000	20 〜 40
↓		
プルキンエ線維	2,000 〜 4,000	20 〜 40
↓		
心室筋	400 〜 1,000	なし

する．左脚は大動脈弁の直下から心室中隔の左側を下降し，さらに前束および後束の２本に分岐する．両者共に左心室内の２つの乳頭筋基部にそれぞれ通じる．さらにこの両者を連結する経路は心室中隔中央全体に分布する．そして，この３つの束がプルキンエ線維に分岐し，心室全体を網目状に走行する．プルキンエ線維を伝導する刺激は心室筋を興奮させる．

以上の記述に関して，３点ほど指摘しておこう．

第１に，右心室壁の病変は直ちにプルキンエ線維での刺激伝導に影響する可能性があるのに対し，左心室壁では網目状のネットワークが緻密に分布しているため，些細な病変が直ちに刺激伝導に影響することはほとんどない，ということである．つまり右心室壁に病変ができるケースよりも，同じ病変が左心室に生じた方が臨床的影響は軽度だということである．

第２に，心臓は最初に心房が，次いで心室が興奮・収縮するということである．両者が同時に収縮したり，心室収縮が心房のそれに先行すると，心拍出量は低下する．

そして最後に，房室結節以外に心房と心室の電気的つながりを可能にする「余分な刺激伝導路（正式には副伝導路）」が存在することがある．この場合，ある種の不整脈を引き起こすことになるが，その代表例がウォルフ・パーキンソン・ホワイト（WPW）症候群である．

（2）刺激伝導速度

刺激伝導系のインパルス伝導速度はその部位により異なる．

表 2-1[ii] に刺激伝導系の各部位における刺激の伝導速度を示した．数字を事細かに覚える必要はないが，

1）部位により最大で２桁も伝導速度が異なること，

2）プルキンエ線維での伝導速度が最速であること，そして

3）房室結節での伝導速度が最も遅いこと，

の３点は頭に入れておこう．特に 3）には非常に重要な意義があるので，次に述べよう．

今，心室が収縮を完了したとする．そして，

[ii] 筆者は 30 年以上にわたりこの表の出典を捜しているが，未だに見つからない．このため，この表のデータがどのような実験環境で得られたかが判らない．少なくとも 1970 年代に発行されたイヌおよびネコの心電図学の解説書に掲載されているので，これ以前の研究成果だと思われる．

心室が拡張し始めると同時に，大静脈および肺静脈から心房を介して血液が心室に急速に流入する．この時期を急速充満期と呼ぶ．やがて心房筋が興奮して収縮を開始すると，心房内の血液が心室に流入するため（この時期を心房収縮期と呼ぶ），心室は血液で充満する[iii]．この時期は心室が収縮する直前であり，拡張末期と呼ぶ．そして，心室が収縮し始めると，最初に僧帽弁と三尖弁（併せて房室弁と呼ぶ）が閉鎖する．それから心室は本格的に収縮し，血液を動脈に駆出するわけである．

つまり，房室結節での刺激伝導速度が速いと，心房が十分に収縮しないうちに心室が収縮するため，拡張末期の心室内血液量（拡張末期容積）は減少するのである．このことは心拍出量，つまり心機能の低下を意味する．

同じことを刺激の流れで説明しよう．

心房を興奮・収縮させた刺激が房室結節に到着すると，房室結節内部をゆっくり通過する．心筋の電気的興奮（これを脱分極と呼ぶ）と実際の収縮には時間的なズレがある．このため，刺激が房室結節を通過している間に，心房は収縮を完了し，心室は拡張末期に入る．そして，房室結節を通過した刺激は今度はスピードアップして，高速でプルキンエ線維のネットワークを駆け抜け，心筋を興奮・収縮させる．つまり，心房と心室の収縮タイミングは，時間的にある程度ズレていた方が都合がよいのである．このズレを調節しているのが，房室結節での遅い伝導時間である．

(3) 刺激伝導系のペースメーカ機能

先ほど，正常な心臓のペースメーカは洞結節だと述べた．では，洞結節が炎症，線維化，腫瘍などの病変に侵されてその機能が低下または消失した場合，心臓は停止して，その動物は死亡するのかというと，そう簡単に心臓は停止しないようにできている．刺激伝導系の大部分の部位が自らペースメーカとして機能できるからである．先ほど，「刺激伝導系を例えるならば『心筋内を通る電線のようなもの』といえば，非常に判りやすいかも知れない．しかし，実はこの考え方は誤り」だと述べた．その理由はもうお判りであろう．刺激伝導系は，電線とは異なり自ら発電できるからである．

表 2-1 に示したように，イヌの洞結節が1分間に作る刺激の回数（これを内因性刺激生成頻度という）は 70 ～ 160 である．これは心拍数の参考範囲と一致する．しかし，この頻度は体温，血液中のヘモグロビンや電解質の濃度，ある種のホルモンや薬剤，そして自律神経系の緊張に影響されて変化する．これらの要因を全く受けない状態での頻度が内因性刺激生成頻度なのである．

いっぽう，房室結節およびヒス束の刺激生成頻度は 40 ～ 60 回 / 分であり，洞結節のそれと比較するとかなり低い．そして右脚・左脚およびプルキンエ線維などより下部の刺激伝導系になると，この傾向は一層はっきりする．いずれにせよ，洞結節以外の刺激伝導系がペースメーカを担っている状態は異常である（無論，この状態は不整脈の一種である）．

2 双極誘導と単極誘導

いよいよ判り難い話に入る．

前もってこの項の要点を述べておくと，「今まで述べてきた刺激の強さと方向をベクトルで考え，これを誘導法を用いて一定の約束に従って心電図波形に変換する」ということである．

(1) アイントーベン三角

ここから暫くの間，「三角形と矢印の世界」に入ろう．

Willem Einthoven（1860 ～ 1927 年）はオランダの生理学者で，1912 年に心電図学発

iii) 心エコー図検査の1つであるパルスドプラ法で左心室への血液流入の様子を観察すると，本文にある急速充満期にＥ波が，そして心房収縮期にＡ波が発生する（図 2-32 参照）．

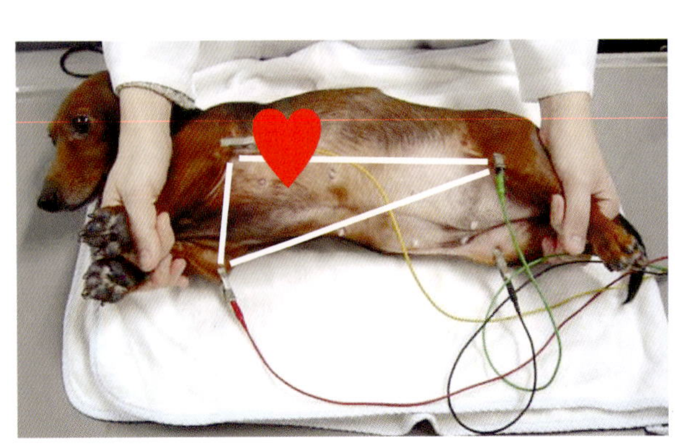

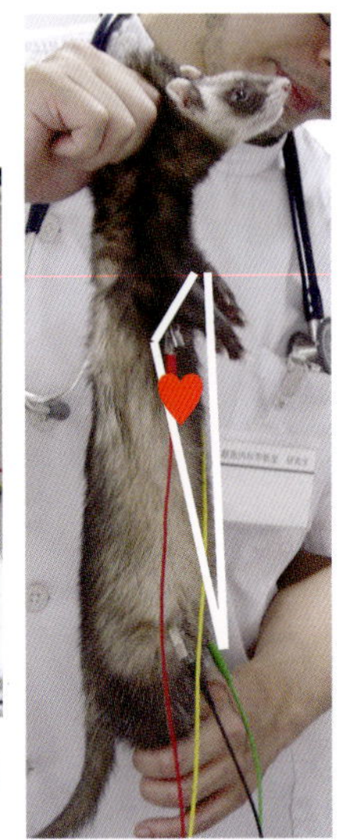

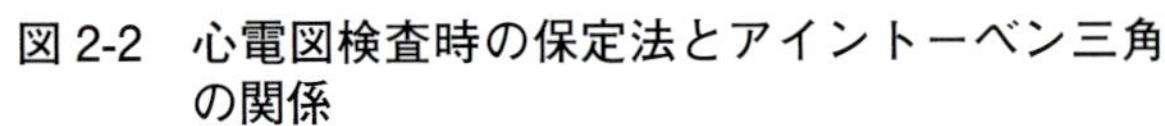

図 2-2　心電図検査時の保定法とアイントーベン三角の関係

展の礎ともいえる理論を築いた[iv]．この理論に登場するアイントーベン三角では，以下の事柄が大前提となっている．

- 三角形は正三角形であり，その中心に心臓がある．
- 三角形の角は電極で，電極は動物の肢につける．
- 電極は肢の付着部から末端側であれば，どこにつけてもよい．
- 3 つの電極は同一平面上に存在する．
- 三角形の 3 つの辺が誘導であり，それぞれに名称がつけられている（後述）．
- 生体は均一の伝導体（刺激の伝わり方が均一）である．
- 動物の姿勢は上記の大前提に影響しない．

この理論には，肢につけた電極を直線で結んでも正三角形にはならず，また体型の関係から電極は同一平面上に存在しない場合があること，そして生体は均一の伝導体とは見なせないこと，などの矛盾した点がある（図 2-2）．しかし，この矛盾を無視して，この理論は成立していると理解して頂きたい．

各肢につける電極の色は以下のように決められている．

- 右前肢　－　赤
- 左前肢　－　黄
- 左後肢　－　緑

黒の電極はアースで，どこにつけても構わないが，右後肢につけるのが一般的である．

三角形の各辺を誘導と呼ぶことは既に述べた．誘導の名称は以下のように約束されている（図 2-3）．

右前肢 - 左前肢間の誘導：Ⅰ誘導
右前肢 - 左後肢間の誘導：Ⅱ誘導
左前肢 - 左後肢間の誘導：Ⅲ誘導

反時計回りに名前をつけた理由を筆者は知らないが，この名称はヒトを含め動物種を問わず世界共通であるので，覚えるしかないようである．なお，この 3 種類の誘導をまとめて双極誘導と呼ぶ．

[iv] 後に彼はこの功績が認められノーベル医学・生理学賞を 1924 年に受賞している．なお，彼の名はアイントーベンだけでなく，アイントホーフェンとも表記されるようである．本書では，日本循環器学会用語集（第 3 版）に従いアイントーベンとした．ちなみに，この理論が発表された 1912 年は，あのタイタニック号が沈没した年でもある．この年，我が国では，明治天皇が崩御され年号が明治から大正に改元された．動物ネタでは，警視庁が初めて警察犬を採用した年でもあった．

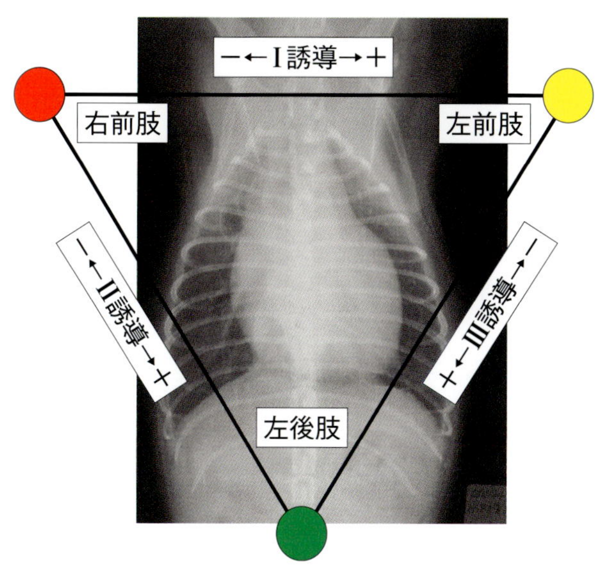

図 2-3　アイントーベン三角

(2) ベクトルの概念

ベクトルとは，空間や平面における方向（矢印の向き）と量（矢印の長さ）であり，複数のベクトルを足し算したり，引き算することができると高校時代に学んだと思う．実はこのベクトルの概念が心電図学に深く関わっている．

話が複雑になるので，洞結節から出た刺激が房室結節に到達し，P 波が描かれる過程に限定して説明しよう．

前述したように，洞結節を出た刺激は心房筋内の 3 本の結節間伝導路を伝わる．これにより刺激は房室結節に向かういっぽうで，周囲の心房筋を順次刺激して脱分極させる（図 2-4 の青矢印）．ここで矢印の向きは刺激が進む方向を，そして矢印の長さは刺激の強さをそれぞれ示している．要するに，様々な方向に無数の矢印が発生するのである．この矢印をベクトルと考えると，無数に存在する矢印を全部足し合わせて 1 本のベクトルにまとめることができる（図 2-4 の赤矢印）．このベクトルを見れば判るように，心房筋が興奮して刺激が房室結節に向かう過程は，ちょうど洞結節から房室結節に向かう 1 本の長いベクトルに集約できる（図 2-5）．

この 1 本のベクトルは動物の心臓に直接描かれるわけでもなければ，肉眼で見ることもできない．このベクトルの方向や長さを何らかの方法を使って我々の目に見えるようにすること，それが心電図検査に他ならないのである．

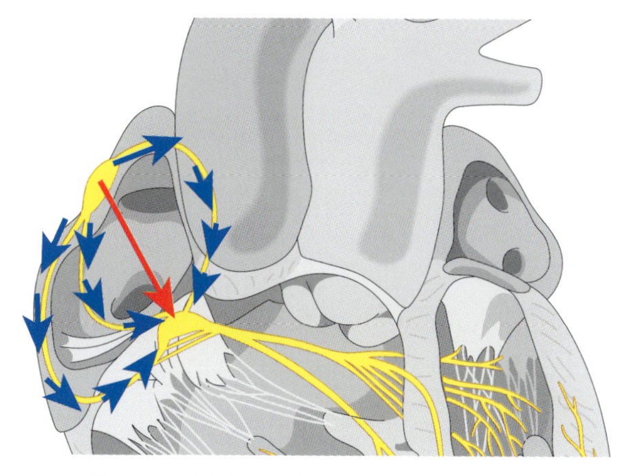

図 2-4　心房筋の脱分極（興奮プロセス）

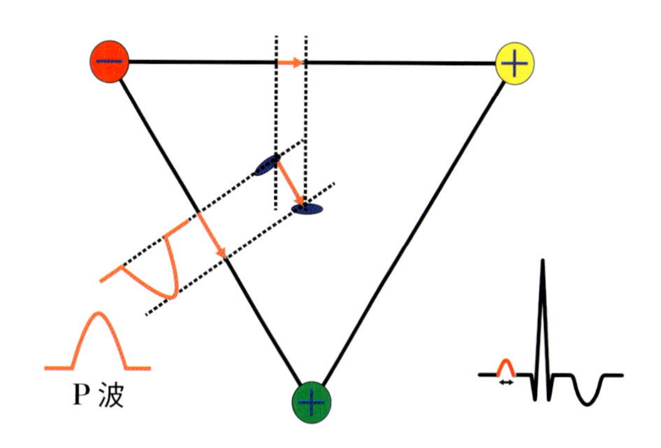

図 2-5　心房筋の興奮と P 波

(3) 動物の体とアイントーベン三角

生体を右と左の部分に分ける垂直面を矢状面と呼ぶ．矢状面のうち，体の右側と左側が半分ずつになるように体を分断する平面を特に正中面という．ちょうど脊柱に沿って体を二分する平面と考えてよい．矢状面と直角な垂直面のうち，生体を短軸方向に分断する平面を前額面（または前頭面）という．さらに，矢状面とも前額面とも垂直な面を水平面という（図 2-6）．

動物の肢につけた電極を角としてアイントーベン三角という平面を作ることは既に述べた．この平面は水平面と平行なので，この平面を使って心臓で発生するベクトルを動物の腹側から眺めると考えればよい．表現を変えると，動物の背中から光をあてて，アイン

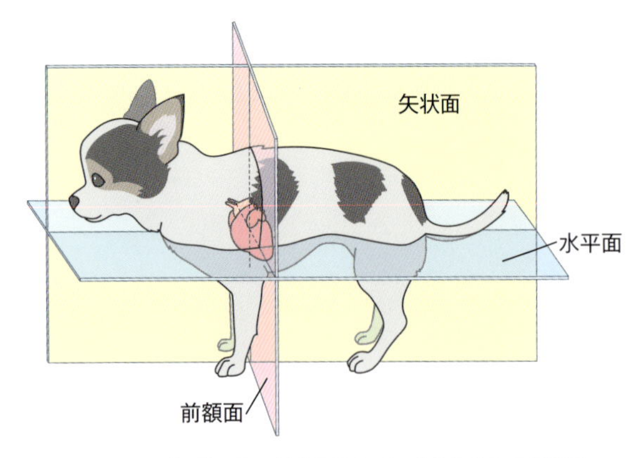

図 2-6　矢状面，前額面および水平面の関係

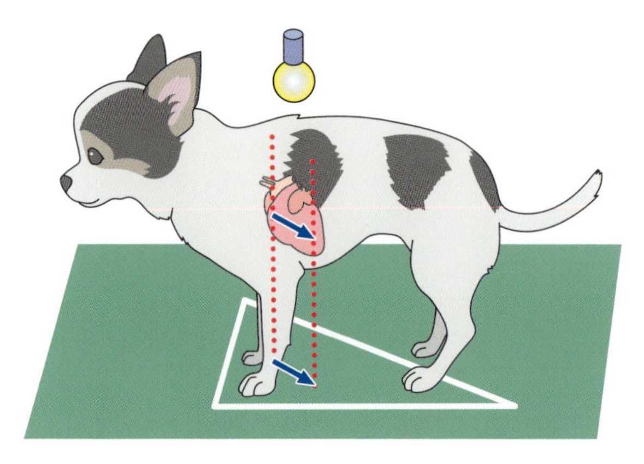
図 2-7　動物とアイントーベン三角の関係

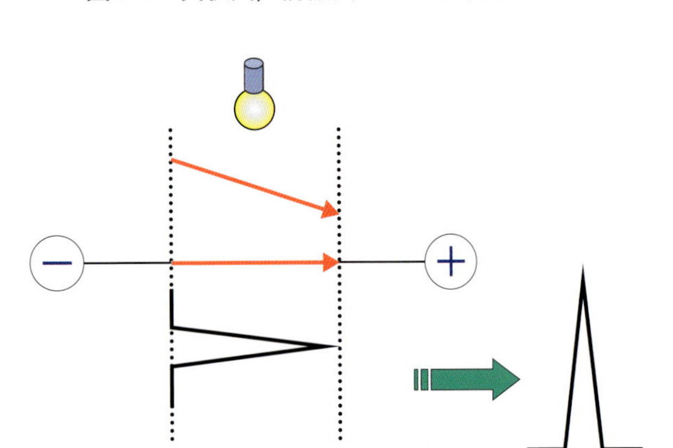

図 2-8　心電図波形が上を向くわけ

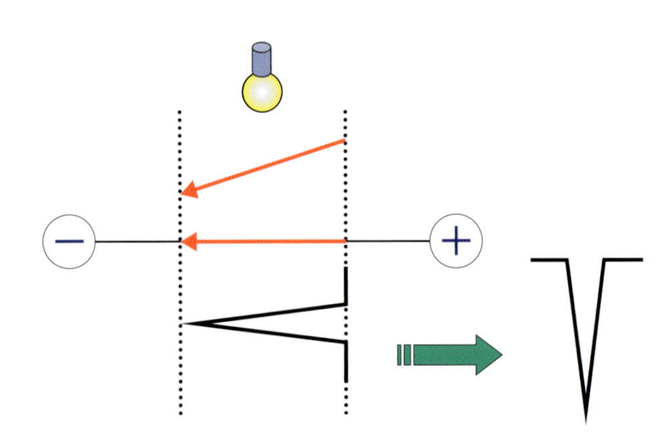

図 2-9　心電図波形が下を向くわけ

トーベン三角という平面にベクトルの影を映していると考えてもよい（図 2-3 および 2-7）.

(4) アイントーベンの三角形と 1 本にまとめたベクトルの関係（双極誘導を例に）

心電図波形はなぜ上を向いたり，下を向くのか？

慣れれば何でもないことだが，この疑問は初学者にしてみれば大きな壁である．この点に関して説明するが，ここで重要な 3 つの約束をしよう．

【約束 1】Ⅰ誘導では右前肢が陰（マイナス）極，左前肢が陽（プラス）極，Ⅱ誘導では右前肢が陰極で，左後肢が陽極，そしてⅢ誘導では右前肢が陰極で，左後肢が陽極である（図 2-3）．マイナスとかプラスというと電流をイメージするかも知れないが，ここでは誘導の両端を区別するために名前をつけただけと理解しよう．

【約束 2】ベクトルの矢印の両端から各誘導に垂直線を引く．つまり，各誘導に対して垂直な光を矢印にあて，各誘導上に映る矢印の影の向きおよび長さを確認する．

【約束 3】各誘導に投影された矢印が，陰極から陽極を向く場合，心電図波形は上を向き，反対に陽極から陰極を向く場合は，心電図波形は下向きになる（図 2-8 および 2-9）．垂直だった場合には等電位波形が描かれるが，この点については平均電気軸の項で説明しよう．

洞結節を出たインパルスは，心房筋を興奮させながら房室結節へ進む．図 2-4 および 2-5 では，この過程で生じる全てのベクトルを 1 本に合計したわけだから，このベクトルは心房筋が興奮する過程を代表することになる．少々くどくなるが，図 2-5 を見ながら，先の 3 つの約束を確認しよう．

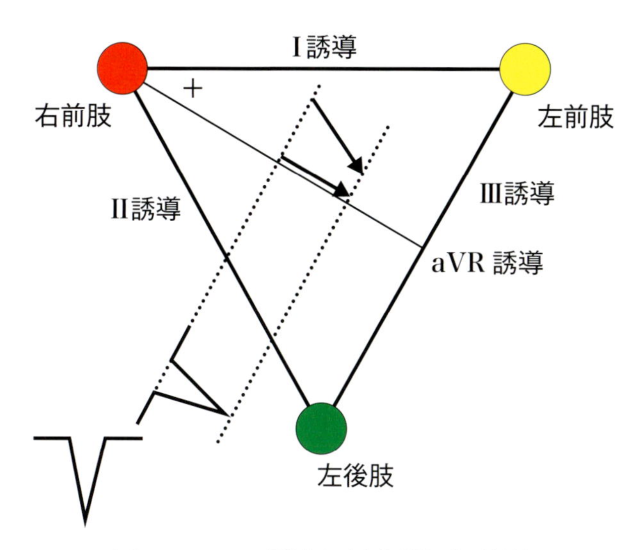

図 2-10　aVR 誘導と心電図波形の関係

最初に，各誘導のプラス・マイナスを確認しておこう（約束 1）．ベクトルの両端からⅠ誘導およびⅡ誘導にそれぞれ垂線を引く（約束 2）．2 つの誘導上に長さの異なるベクトルの影が描かれる．これは数学でいうベクトルの分解で，この 2 つのベクトルの影は共に各誘導の陽極の方向を向いている．陽極を向く矢印の影は上向きの心電図波形に変換されるので（約束 3），両者の誘導で上向きの波形が描かれる．しかし，Ⅰ誘導とⅡ誘導とでは，矢印の影の長さが異なっている．この違いは心電図上では波形の高さの違いとして描かれる．つまり，この例ではⅠ誘導の波形よりもⅡ誘導の P 波の方が高く描かれる．約束 3 が混乱して覚えられない場合には，陽極・陰極を電気と関連づけずに，「波形が上を向くのはプラス」というように，心電図波形の向きをプラス・マイナスとイメージすれば覚えやすいであろう．ここでの 3 つの約束が，双極誘導での心臓ベクトルから心電図波形への変換方式であり，この誘導は文字通り 2 つの電極でベクトルの方向と長さを調べる方式なのである．

(5) 単極誘導とは？

単極誘導でベクトルを心電図波形に変換する方法は，双極誘導の場合とほぼ同じと理解して構わない．双極誘導では 2 つの電極でベクトルの向きと長さを調べるが，単極誘導では電極は 1 つで，この電極を関電極ともいう．ベクトルが関電極の方を向いている場合，心電図波形は上向きに，その逆の場合には下向きに描かれる．図 2-10 を用いて詳しく解説しよう．

アイントーベン三角を使うと，単極誘導を 3 つ作ることができるが，ここでは右前肢を関電極とした単極誘導だけを取り上げる．単極誘導の名称は後に詳しく述べるが，図 2-10 の単極誘導を aVR 誘導と呼び，これは右前肢からⅢ誘導に対して垂直な直線に相当する．この誘導では右前肢が陽極（関電極）だが，既に述べたように双極誘導と異なり陰極はない．図 2-10 のベクトルは図 2-5 に出てきたものと同じと思ってよい．このベクトルの両端から垂線を aVR 誘導に向かって引く．すると双極誘導と同じように，この誘導上に矢印ができる．この矢印は陽極から離れる方向に向いているので，このベクトルは aVR 誘導上では下向きの心電図波形として描かれる（約束 3）．

(6) 実際の心電図波形を見てみよう

1 本のベクトルがある誘導では上向きの波形に，そして別の誘導では下向き波形に変換されることが判った．また同じ上向き波形でも，誘導によって波形の高さが異なることも解説した．そこで実際の心電図を見て，これまで学習した内容を確認しよう．

まだⅠ，Ⅱおよび aVR の 3 つの誘導しか学習していないので，図 2-11 にもこの 3 つの誘導で記録した心電図波形だけを示した．

心電図波形は方眼紙の上に記録される．マス目の横方向は時間を示し（通常は 1 秒 = 50mm，つまり 1mm = 0.02 秒），縦方向はベクトルの長さ（正確には電位）を示す（10mm = 1mV，つまり 1mm = 0.1mV）．

この心電図は，僧帽弁閉鎖不全に罹患しているイヌから記録したものである（慣れた人がこの心電図を見れば，すぐに左心室拡大だと診断できるが，今は判らなくてよい）．い

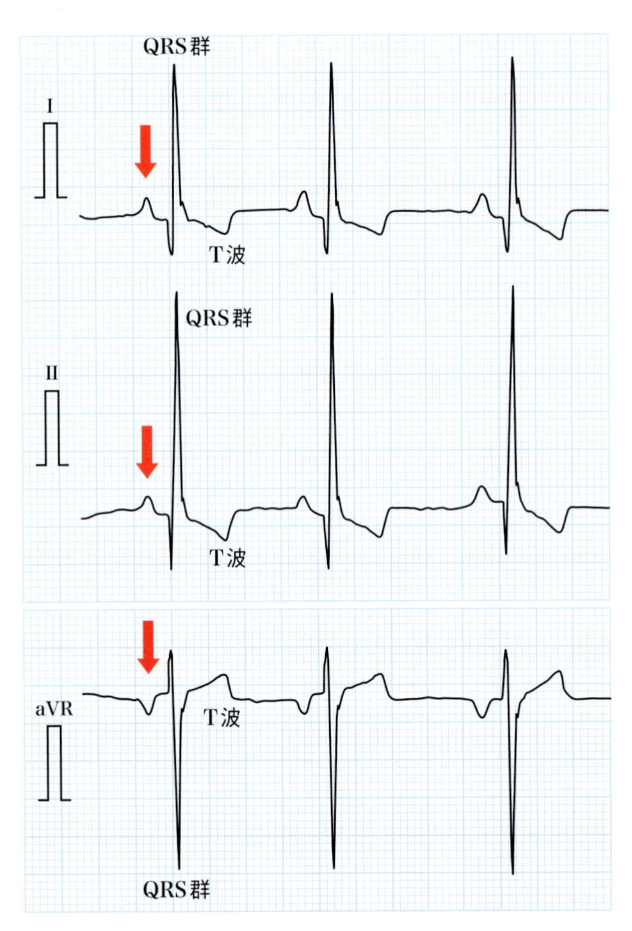

図 2-11 Ⅰ，Ⅱおよび aVR 誘導の心電図波形

ずれ詳しく解説するが，心房筋が興奮する過程で生じる心電図波形をP波と呼ぶ．つまり，今まで学習してきたことは，例に挙げたベクトルがP波に変換される過程を理解したことに他ならない．心電図の見方や波形の解説は別のPartでじっくり解説するので，ここでは「へー，これからこんなことを学習するんだ」という程度の気持ちで，実際のP波とここで解説した波形の向きを比較しておこう．

どの誘導にもとがった非常に大きな波形がある．これは心室筋の興奮を示し，QRS群と呼ぶ．QRS群は普通は心電図波形の中で最大なので，一番目立つ波形である．QRS群の前（左側）にある丸みを帯びた小さな波形（⬇）がP波である．このP波はⅠ誘導とⅡ誘導では確かに上を向き，aVR誘導では下を向いている．なお，Ⅱ誘導のP波を見ると，心房筋の興奮開始から終了までに約0.04秒かかっていることも判る．

3 心電図検査で実際に使用する誘導法

ベクトルは目に見えないので，心電計を使って波形に変換し，ベクトルの方向や長さを推定することが心電図検査であることは既に述べた．他の検査と同様，心電図検査によりベクトルに関してできるだけ多くの情報を得て，動物の診療に役立てたいと考えるのは当然である．

既にお気づきだろうが，電極を動物に2個つけるよりも3個つけた方が，多くの心電図波形を得ることができる．それでは，心電図検査では電極をできるだけ多くつけるべきか，というとそうでもない．その最大の理由は，いくらたくさん電極をつけても，1つの平面から得られる情報には限界があるからである．

具体的にいうと，動物の肢に電極を3個つければ，平面が1つ完成し，これから合計6種類の誘導を作ることができる（後述）．1つの平面から6つの波形が記録できれば十分で，それ以上の情報を得たければ，別な電極を使って水平面以外の新たな平面を完成させた方がよい．実際にやってみると判るはずだが，数多くの電極を動物につけることは，非常に煩わしいし，時間がかかり，とても手軽にできる検査とはいえない．こうして考えると，電極の数は少なすぎず多すぎず，ほどほどがよいということである．

誘導法とは動物の体につける電極の位置を約束したものと考えればよい．ヒトを含む各動物種で様々な誘導法が考案されているが，恐れる必要は全くない．既に述べた生体の面を示す用語，そして双極誘導および単極誘導を理解していれば，どのような誘導法も簡単に理解できる．ここでは獣医臨床で特に代表的な3種類の誘導法を紹介する．

（1）標準肢誘導

伴侶動物で最も広く普及している誘導法である．標準肢誘導とは，両前肢および左後肢

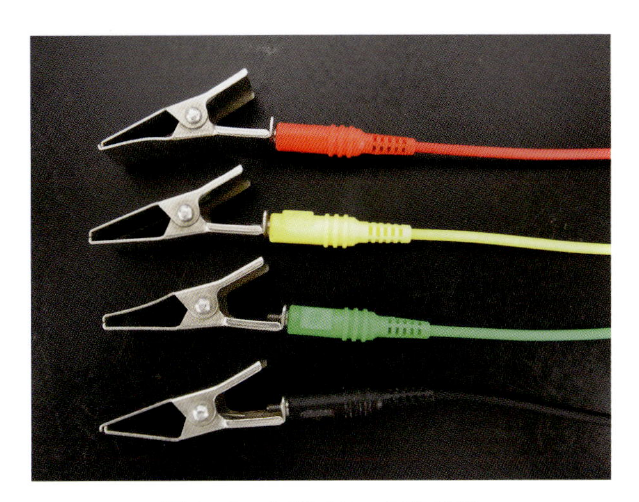

図 2-12　クリアリードと電極

に電極をつけて記録する 3 種類の双極誘導（Ⅰ，ⅡおよびⅢ誘導），そして 3 種類の単極誘導（aVR, aVL および aVF）の総称である．

心電計には患者コードが接続されている．これは心電計と患者を連結するコードである．患者コードから色のついた細いコードが伸びている．この細いコードの数は機種によって異なるが，図 2-12 に示すように，少なくとも赤, 黄, 緑および黒の 4 本はある（モニタ用心電計ではこの限りではない）．このコードをクリップや専用のパッドを使って動物と接続する（図 2-13）．色によって接続する部位が決まっている．

ここで，2 点ほど説明を加えておこう．

第 1 に電極の装着部位である．動物の前肢は解剖学的には肩甲骨から始まるが，前肢が胴体と付着する部分に電極を装着すると，アイントーベン三角が成立しなくなる．このため, 前肢であればどこでもよいわけではなく，肩関節から末梢に限定される．しかし，電極の取りつけ易さを考慮すれば，実際的には肘頭尾側を用いるのが普通である．後肢に関しても同じ理由から，大腿部頭側を使用することが多い．また，手術中のモニタや心エコー図検査中の心電図記録が目的であれば，肉球（パット）がよい（図 2-13）．

第 2 に黒いコードである．これはアースの働きをするもので，アイントーベン三角には無関係である．理論的には，このアース電極は身体のどの部位にも装着可能だが，右後肢につけることが多い．

標準肢誘導は前後肢に 3 つ（アースを含めれば 4 つ）の電極を装着し，アイントーベン三角を形成する誘導法である．この平面が水平面に相当すること，Ⅰ～Ⅲ誘導が双極誘導で，そして aVR ～ aVF 誘導が単極誘導であることは既に理解したと思う．この標準肢誘導について注意すべきポイントを要約しておこう．

・心電図波形は大きく描かれた方が見やすいし，その評価も正確になる．心電図波形を大きく描くためには，いくつかの条件が考えられるが，その中でも胸腔内における心臓の長軸（心基部と心尖部を結ぶ直線）の向きが大きな要因となる．図 2-7 からも判るように，水平面（アイントーベン三角）と心臓の長軸（つまりベクトル）が平行に近くなるほど心電図波形は大きくなる．反対に，ベクトルがいくら長くても，両者の位置関係が垂直に近ければその波形は小さくなる．この解剖学的な理由のために，イヌおよびウマでは標準肢誘導から大きな波形を得ることができる．しかし，ウシやブタなどの偶蹄類では，水平面とほぼ垂直に心臓が位置する（つまり前額面とほぼ平行）なので，小さな波形が記録される．
・イヌおよびネコでは，標準肢誘導の中で心臓の長軸と最も平行に近いのはⅡ誘導である．つまり，標準肢誘導の中でもⅡ誘導の心電図波形が最大である．波形が大きく描かれると，心電図波形が見やすく診断精度が向上し, 特に不整脈の診断で有利になる．このため，全身麻酔中のモニタには，もっぱらⅡ誘導が用いられる．また，いずれ心電図波形の基準値についても解説するが，この基準値はⅡ誘導に関して設定されており，残りの 5 種類の誘導に関しては，このような基準値は十分に吟味されていない．
・単極誘導の項で説明しなかったが，単極誘導の名称には「V」の字をつけることになっ

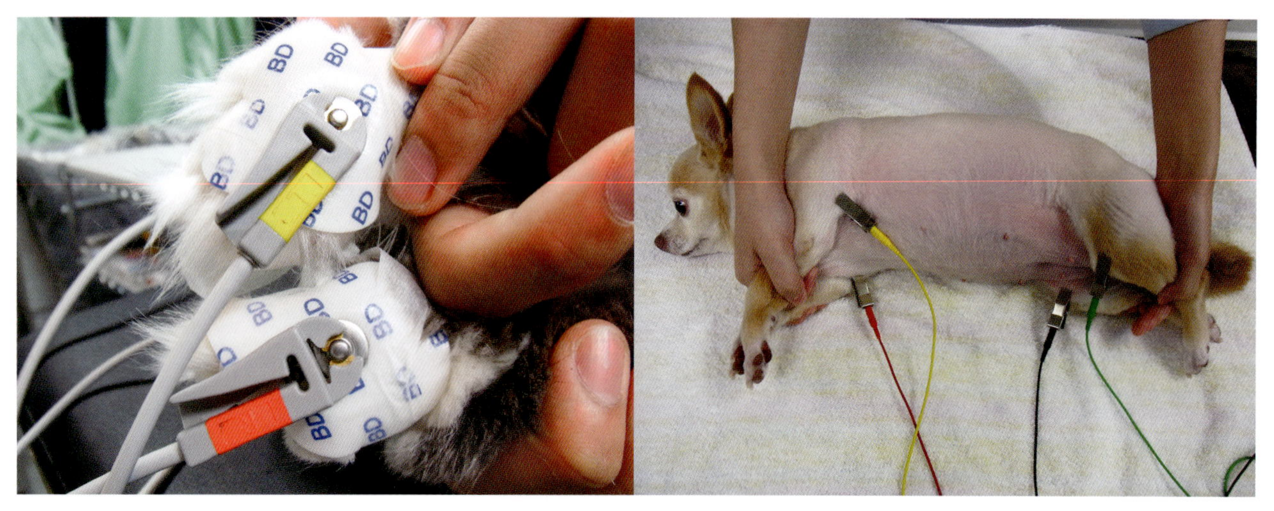

図 2-13　パット（左）およびクリップ（右）とクリアリードの接続

ている．標準肢誘導で用いる単極誘導はaVR，aVLおよびaVFと表記され，Vの字の前に「a」がついている．このaは「augmented（増大する）」の頭文字で，この誘導では心電図波形は1.5倍拡大される．このため，この3種類の単極誘導を増高単極肢誘導とも呼ぶ．図 2-10では，ベクトルがaVR誘導上の心電図波形に変換される機序を簡潔に示したが，ここで描かれる波形は，この図に示した波形よりも1.5倍大きく描かれる，ということである．実際に心電図波形を読解する際に，このことを意識することはほとんどないかも知れない．しかし，いずれ述べる平均電気軸の算定では大切なポイントになるので，一応頭に入れておこう．

・最後に，標準肢誘導で心電図を記録する際の動物の姿勢(保定)である. ヒトでは, ベッドの上で仰向けに四肢を伸ばして横たわり，全身から力を抜いた状態で記録することになっている．イヌの心電図波形は検査時の姿勢により変化することが判っている（図 2-14）．小動物では右側（右下）横臥位の姿勢で記録することが基本である（図 2-2 および 2-13 右図）．心電図波形の基準値は，この姿勢で記録された波形で設定されている．このため，イヌおよびネコの心電図検査時には，可能な限り動物は右側横臥位で保定するべきである．しかし，呼吸器系に問題のある症例，胸部や四肢に疼痛のある症例では，この姿勢での保定に耐えられないことがある. このような状況では, 動物が最も安静になれる姿勢で検査を行うべきである．無論，どのような姿勢であっても，アイントーベン三角の理論は成立する．

(2) AB 誘導

この誘導は双極誘導の一種で，動物用に開発された誘導法である．このため，ヒトの心電図学の解説書には全く記載されていない. 標準肢誘導からでは小さな波形しか記録できない動物種（例：ウシ，ブタなど）で有用である．

この誘導は波形ができるだけ大きく描かれるように考案されたもので，標準肢誘導とは異なり胸壁に電極を置く．つまり心臓の心尖部（apex；A 極，陽極）と心基部（base；B 極，陰極）を結ぶ直線上に電極を置くわけである．AB 誘導とは，心尖部 - 心基部間の誘導という意味である．胸腔内の心尖部および心基部の位置に違いがあるため，動物種ごとに電極の位置が設定されている（表 2-2）.

この誘導法で記録すると，心電図波形は大きく記録されるため，不整脈の検出・診断に有効という長所がある反面で，心臓拡大の評価には役立たないという欠点がある（このため，ウシおよびブタでは，心拡大を心電図で

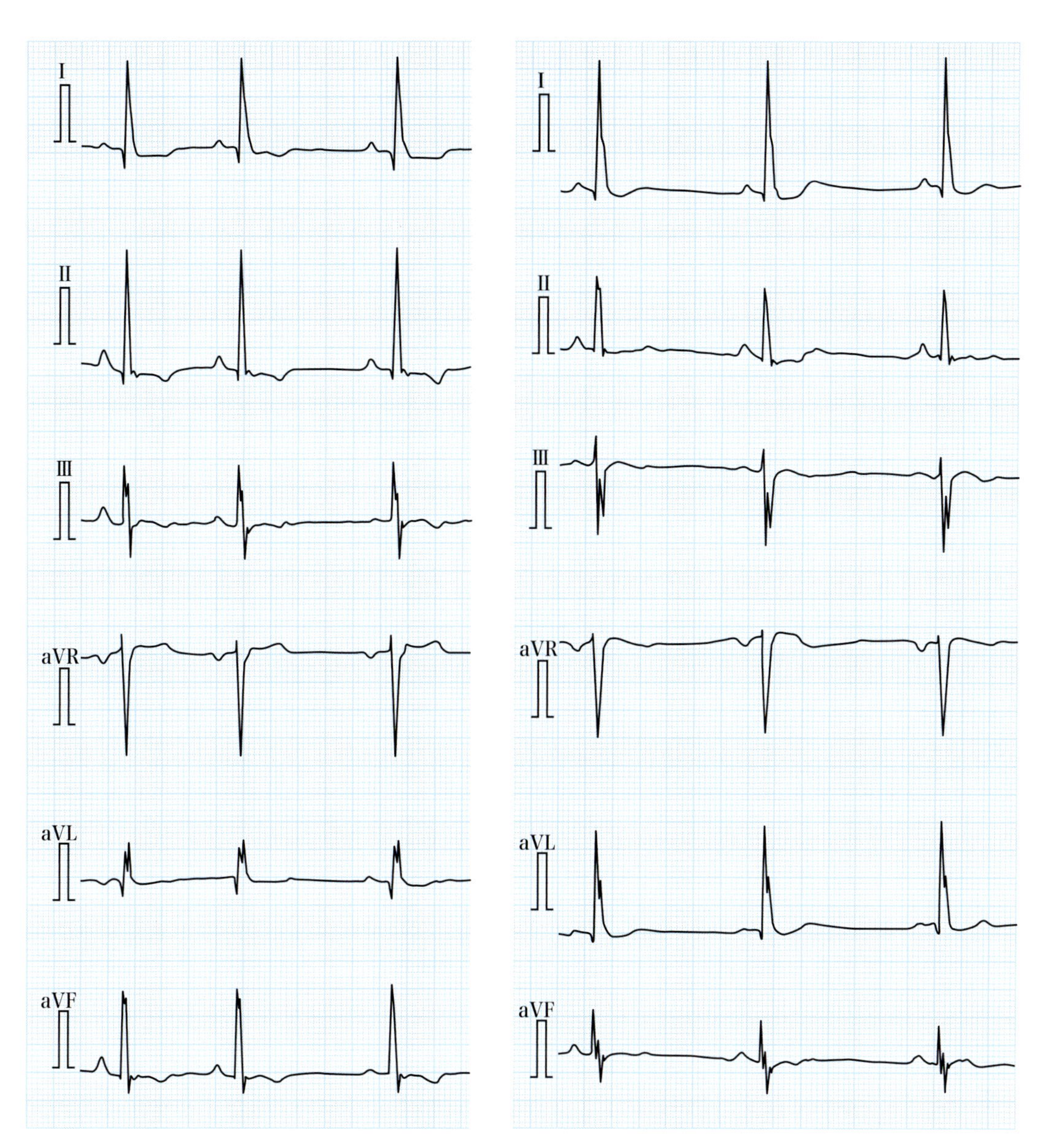

図 2-14　姿勢が心電図波形に及ぼす影響
同じイヌから記録した．左は犬座姿勢で，そして右は右側横臥位で記録した（縮小して掲載）．

は判断できない）．蛇足ながら，正常なイヌやネコのAB誘導ではQRS群は陽性になるのに対して，有蹄類の場合には陰性に記録される．欧米では，QRS群は陽性の方が見やすいとされているようである．このため，有蹄類ではA極を陰極，B極を陽極として，意図的に陽性のQRS群を作り出すことがある（この場合はBA誘導と呼ぶべきであろう）．

（3）胸部単極誘導

心電図検査を受けた経験のある読者は多いであろう．その時の状況を思い出すと，最初に手足に大きな洗濯バサミみたいな電極をつけ（標準肢誘導），次に胸部の左側を中心に吸盤みたいな電極をいくつか並べ，それから心電図検査が始まったはずである．この胸部につけた電極の配置がヒトでの胸部単極誘導である．この胸部単極誘導はイヌでも開発されている．この誘導の特徴は，電極の装着部位が心臓に近いことである（表 2-3）．このことを図 2-15で詳しく説明しよう．

はじめに標準肢誘導と同様に電極を装着する．アイントーベン三角の項で約束したように，この平面の中心に心臓が存在する．このため，この3つの電極の電位の合計はゼロになる．次に，患者コードから出ている細いコードのうち白色のコードを表 2-3に示した部位

表 2-2　AB 誘導の電極装着部位

動物種	電極装着部位
ウマ・ヤギ・ヒツジ	A 極：心尖部（左肘頭約 10cm 後方） B 極：右肩部（き甲と肩関節を結ぶ直線の上部 1/4）
イヌ・ネコ	A 極：心尖部 B 極：右肩甲棘上 1/3
ウシ	A 極：心尖部（左側肘頭後方） B 極：左側肩甲骨前縁中央
ブタ	中野らの AB 誘導 A 極：剣状軟骨端上正中 B 極：第 1 胸椎（き甲部）直上 大井らの AB 誘導 A 極：左側尺骨骨頭後縁後方約 5cm B 極：右側肩甲骨中央上部 1/3 付近

に装着する．これでこの電極（陽極）は，心臓ベクトルを心電図波形として記録する．なお，ベクトルが波形に変換される機序は増高単極肢誘導のそれと同じだが，波形の振幅が 1.5 倍に拡大されることはない．

心臓の右側に配置された電極は心臓の右側（右心室側）を，左側に配置されたものは心臓の左側（左心室側）の電気的活動をよく反映する．このためこの誘導は不整脈の診断よりも，むしろ心室拡大，心筋の梗塞部位の特定，そしてある種の不整脈の診断に価値があるとされてきた．しかし，1）装着する電極が多く煩雑で，1 回の検査に時間がかかること，2）心臓の形態変化を X 線検査や心エコー図検査でより正確に評価できること，そして 3）小動物では心筋梗塞は極めて珍しい疾患であることなどの理由から，価値はあっても実際にはほとんど記録されることのない誘導法でもある．それにも関わらず不整脈，特に脚ブロックの診断，そして P 波の形状が診断の決め手になる不整脈では，胸部単極誘導による検査を考慮すべきであるが，それはこの誘導により標準肢誘導よりも大きな P 波が記録できるためである．

表 2-3　イヌの胸部単極誘導の電極装着部位

電極の名称	装着部位	別名
V_{10}	第 7 胸椎棘突起上	CV_{10}
CV_5RL	右側第 5 肋間腔の胸骨縁	rV_2
CV_6LL	左側第 6 肋間腔の胸骨縁	V_2
CV_6LU	左側第 6 肋間腔の肋軟骨接合部	V_4

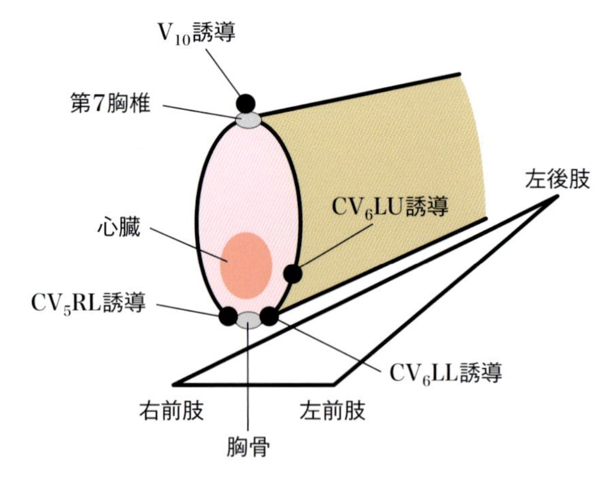

図 2-15　胸部単極誘導のイラスト

4 心電図波形ができるまで

心房筋が興奮する過程に限定して説明してきたが，ここではインパルスが洞結節で生成されてから，心室筋の興奮がさめていく最後の過程までを解説する．なお，下記の点は常に頭に入れておこう：

> 心電図波形に描かれるのは心筋の興奮過程（脱分極）とその興奮がさめていく過程（再分極）だけで，刺激伝導系をインパルスが流れるだけでは心電図波形は描かれない！

(1) P 波

この過程は既に詳しく述べた（図 2-4 および 2-5）．このため，この過程はこれまでの復習として端的に要約する．

洞結節でインパルスが発生すると，これは直ちに心房筋に伝導する．このインパルスは心房内の 3 本の結節間伝導路を 800～1,000mm/ 秒の速度で伝導しながら，心房筋

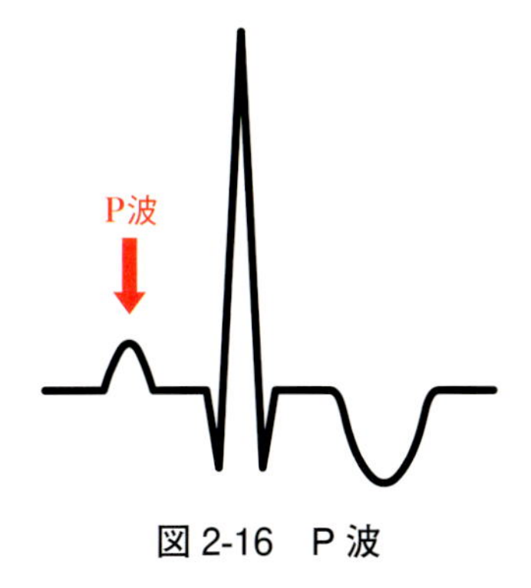

図 2-16　P 波

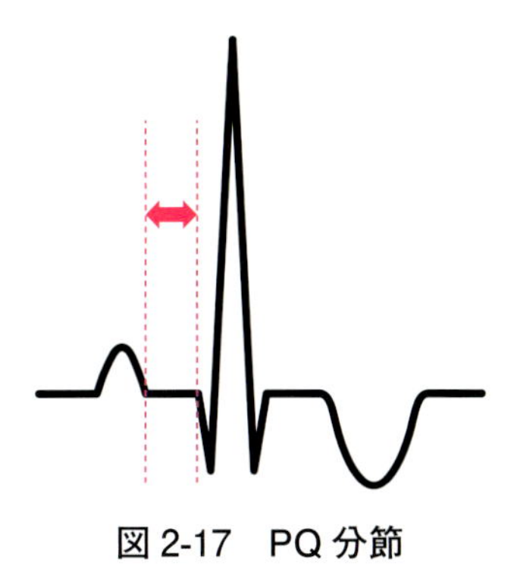

図 2-17　PQ 分節

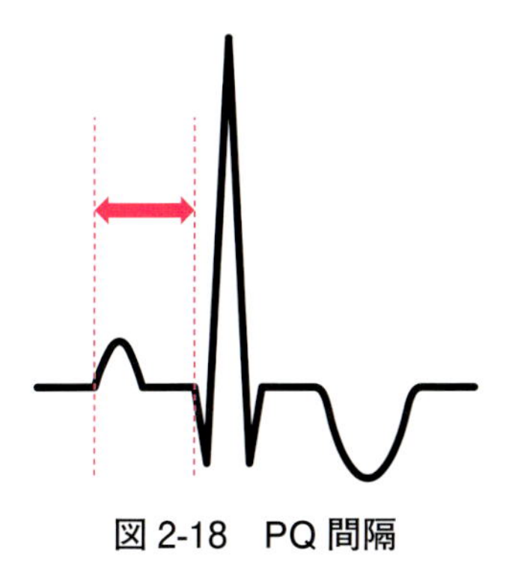

図 2-18　PQ 間隔

を次々に興奮させる．この心房筋の興奮過程を 1 本のベクトルに集約して描かれる波形が P 波である（図 2-16）．くどくなるが，インパルスが結節内伝導路を伝導する過程が P 波ではないことを改めて強調しておく．心房筋が電気的に興奮すると，それにやや遅れて心房の物理的な収縮が始まる．

(2) PQ（PR）分節

次に，インパルスは房室結節に入る．房室結節は三尖弁（中隔尖）の基部に一致する心室中隔の頂上部に存在する．この部位の伝導速度は 50 ～ 100mm/ 秒と，刺激伝導系の中で最も遅いので，心電図上は電気的活動が全く起こらない空白時間ができる．この空白時間を PQ（または PR）分節という（図 2-17）．PQ（または PR）分節に P 波の脱分極時間を加えたもの，つまり P 波の始まりから QRS 群が始まるまでの間を PQ（または PR）間隔という（図 2-18）．房室結節をインパルスが流れても，心電図波形は全く出現しないので，PQ（または PR）分節は平坦な直線が描かれるだけである．なお，ここで「PQ（または PR）分節」とか「PQ（または PR）間隔」という紛らわしい表現をした理由は後述する．

既に述べたことだが，この分節には，心房が物理的に収縮し，心室への血液の拍出が完了するのを待って，心室の興奮を開始させるための時間調整の意味があることを思い出そう．

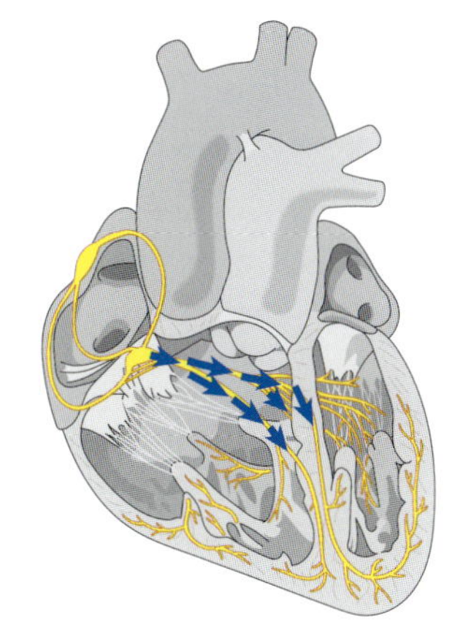

図 2-19　QRS 群の成り立ち（1）

(3) QRS 群

時間調整を終えて房室結節を出たインパルスは，次にヒス束に入る．この間の伝導速度は 800 ～ 1,000mm/ 秒である（表 2-1）．次にインパルスが右脚および左脚に入ると，伝導速度は 2,000 ～ 4,000mm/ 秒になる．右脚は右心室壁に，左脚はさらに前束と後束の 2 本に分岐して，左心室壁に移行する（図 2-19）．プルキンエ線維は心室壁筋層に均等に分布しているのではなく，心室内膜直下に局在して網目状に分布している．プルキンエ線維での伝導速度は，脚でのそれと同じである．このように，心室内でのインパルスの伝

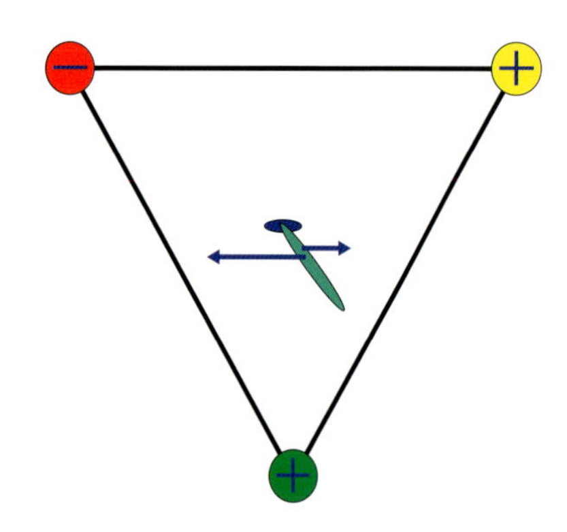

図 2-20　QRS 群の成り立ち（2）

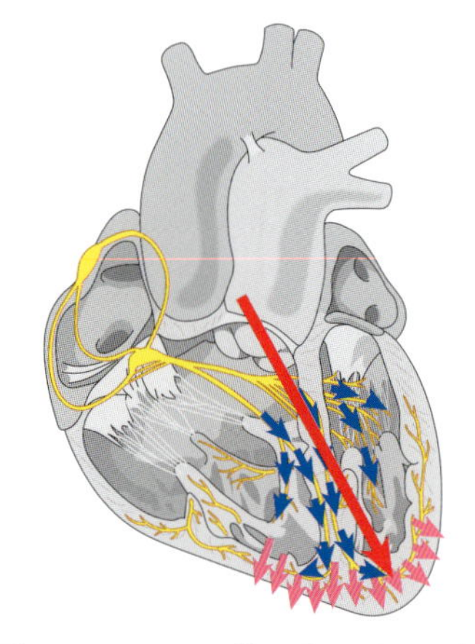

図 2-22　QRS 群の成り立ち（4）

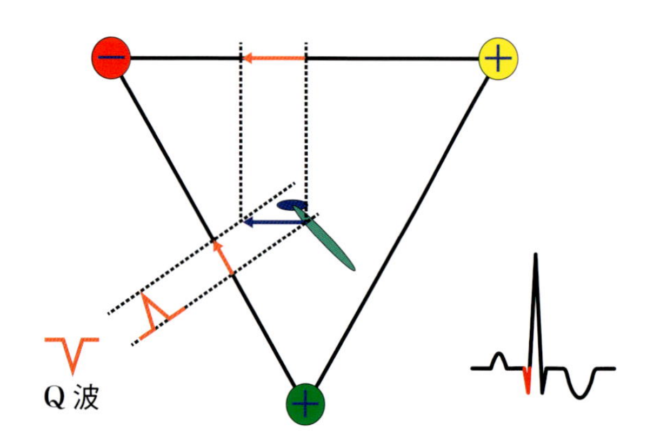

図 2-21　QRS 群の成り立ち（3）

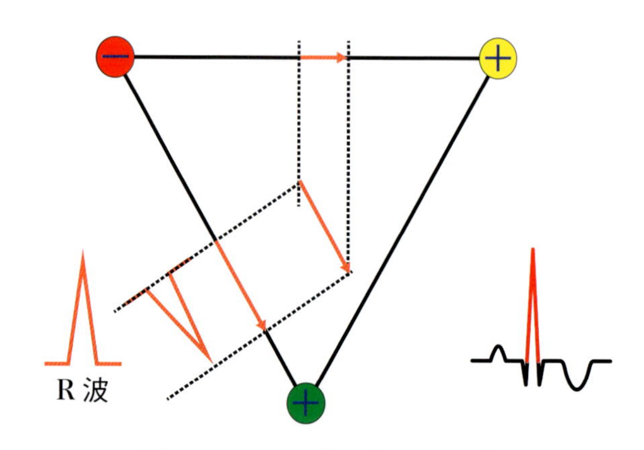

図 2-23　QRS 群の成り立ち（5）

導は極めて速いために，心室全体がほぼ同時に興奮・収縮できるのである．

以上のインパルスの流れを心電図波形の成り立ちと関連づけて解説するが，便宜上，心室の脱分極を 3 段階に分けることにする．

心室筋の中で最初に興奮する部位は，心室中隔の上部である．この部位の興奮により，大きく分けて 2 種類のインパルス，つまり中隔の左心室側から右心室方向に向かうベクトル，そして，中隔の右心室側から左心室方向に向かうベクトルが生じる（図 2-20）．この両者を比較すると，前者のインパルスの方が後者よりも大きい（ベクトルとしては長い）ので，心電図波形として描かれるのは主に前者のベクトルである（図 2-21）．このように描かれる波形が Q 波である．正常なイヌやネコの Q 波は非常に小さな陰性波であるが，Ⅱ誘導ではこれが常に出現するとは限らない．

次の段階は心室中隔下部から心尖部の心筋の脱分極である（図 2-22）．3 段階からなる心室脱分極過程のうち，この段階で最も長いベクトルが生じる．このため，心室中隔下部から心尖部の心筋の脱分極により描かれる心電図波形が QRS 群の中で最大であり，これを R 波と呼ぶ．心室中隔下部から心尖部の心筋はほぼ同時に興奮する．プルキンエ線維は心内膜直下に分布するため，心室壁は心内膜側から心外膜側に向かって興奮する．この段階では無数のベクトルが生じるが，これを 1 本のベクトルに集約すると図 2-23 のようにⅡ誘導とほぼ平行のものになる．

最後の段階は残りの心室筋の脱分極である．残りの心室筋とは，具体的には両心室の自由壁である．この部位の脱分極により，心尖部から心基部の方向のベクトルが生じる（図 2-24）．このため，Ⅱ誘導では小さな陰性波が生じ，これを S 波と呼ぶ（図 2-25）．

以上の 3 種類の波形のうち，Q 波および S 波は心電図誘導とインパルスの角度によって

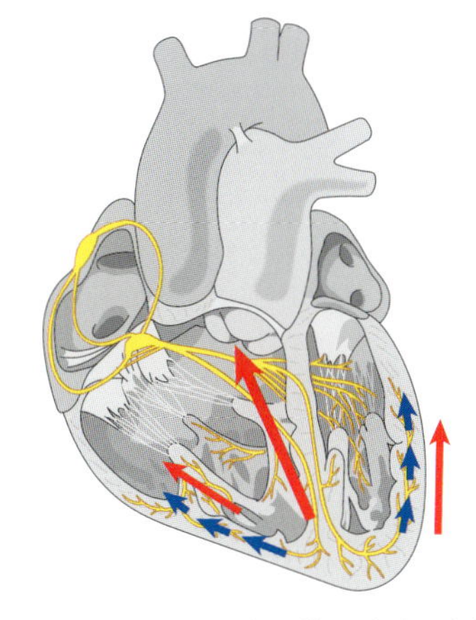

図 2-24　QRS 群の成り立ち（6）

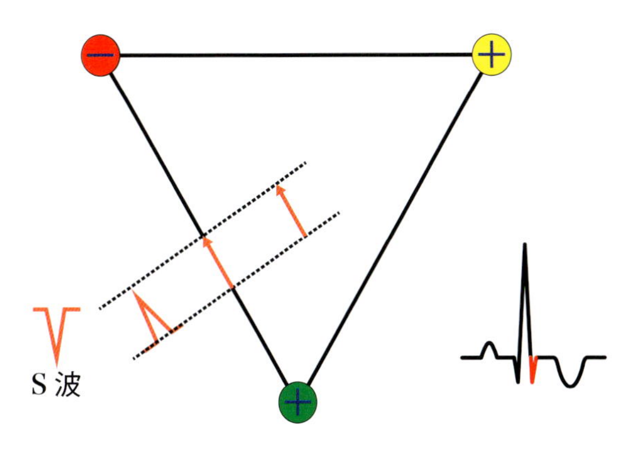

図 2-25　QRS 群の成り立ち（7）

出現したり，全く見られないことがある．Q 波や S 波といい，次に述べる T 波といい，正常心電図でも様々なパターンがあるが，この点はいずれ解説することにする．

ここでは心室筋の電気的な興奮過程を 3 段階に分け，図 2-21，2-23 および 2-25 に示した 3 本のベクトルを使って説明した．複数のベクトルは足し算することで 1 つにまとめることができる．この 3 本のベクトルを 1 つのベクトルに合計し，この角度を平均電気軸と呼ぶ．平均電気軸は心室拡大の指標として用いることができる．この算出法や臨床的意義は別の Part で解説するが，これの算出や心室拡大の診断には，Q・R・S の 3 種類の波形を正確に識別できなければならない（詳細は後述する「Q･R･S に気をつけろ！」参照）．

（4）心室筋の再分極

興奮がさめ，次の脱分極に向けて準備をする過程を再分極と呼び，この過程により T

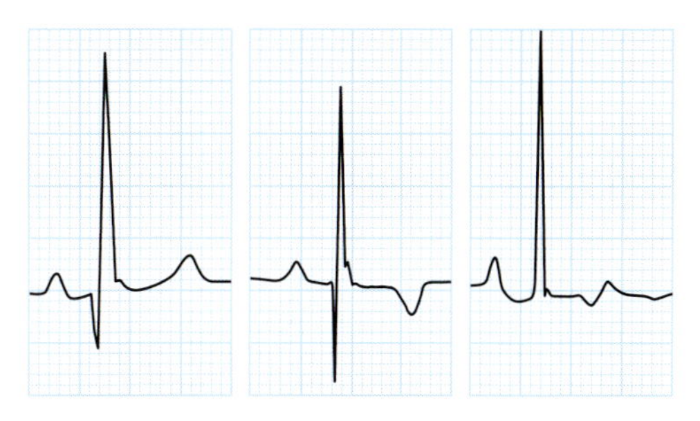

図 2-26　様々な形状の T 波（左から陽性，陰性および二相性）

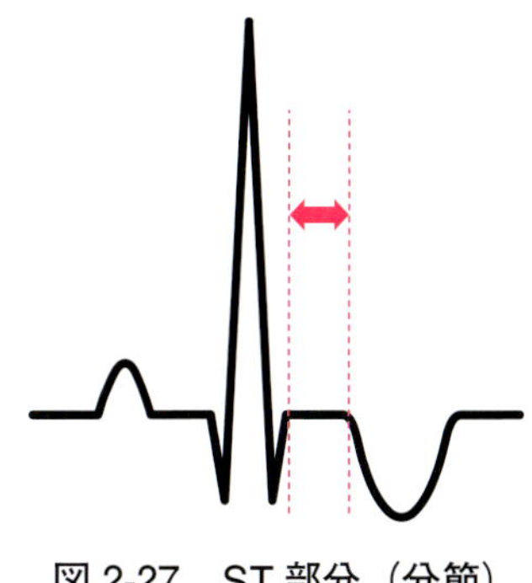

図 2-27　ST 部分（分節）

波が生じる．イヌの正常 T 波には様々なパターンがある（図 2-26）．また，同じ個体であっても姿勢により振幅が変化することが報告されている．

再分極は心室の心外膜表面から始まって，心内膜側にゆっくりと広がる．このため，単純に考えると T 波は QRS 群と反対の方向を向くはずである．ところが，正常な心臓から QRS 群と同じ向きの T 波が記録されることも多い．イヌの T 波のバリエーションが豊富なことに関しては，理論的な説明がほとんどなされていない．このため，心電図波形の中で，T 波は最も診断的意義を評価しにくい波形と考えられている．

QRS 群から T 波に移行する部分を ST 部分（または ST 分節）と呼ぶ（図 2-27）．これは，QRS 群の終わりから T 波が始まるまでの部分と定義されている．ST 部分は，心室の脱分極が完了し，再分極が始まるまでの期間に相当する．このため，ST 部分は基線の高さとほぼ一致するのが正常である．なお，基線とは T 波と次の P 波の間の直線で，心臓が全ての電気的活動を停止している時期に相当するため，この間隔を休止期とも呼ぶ（図

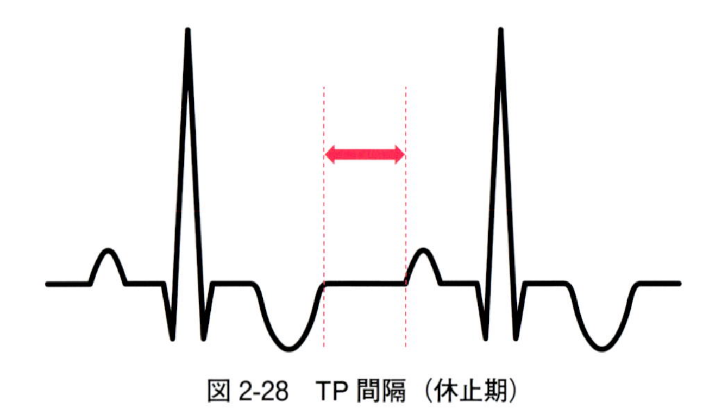

図 2-28　TP 間隔（休止期）

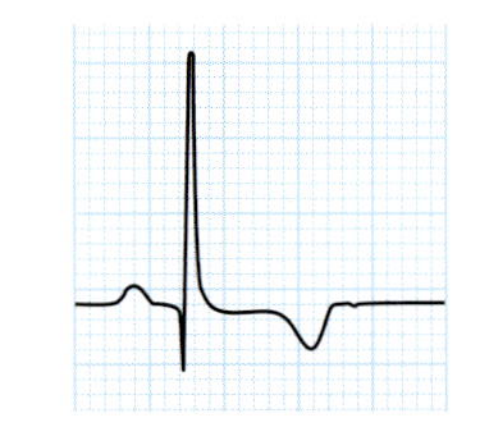

図 2-29　Ta 波がないⅡ誘導心電図波形

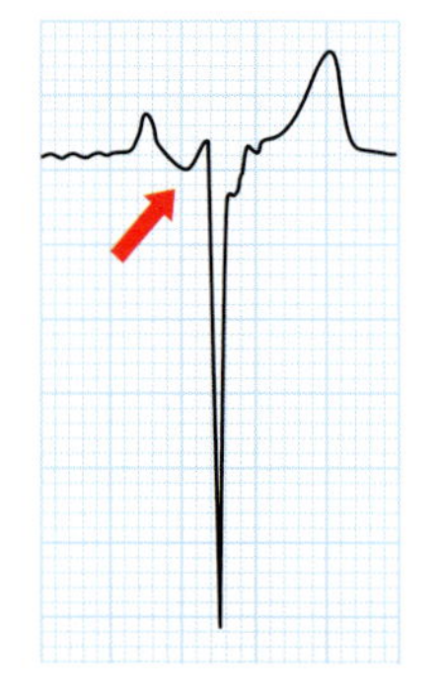

図 2-30　Ta 波（矢印）が見られるⅡ誘導心電図波形

2-28）．QRS 群と ST 部分の接合部を ST 接合部または J 点と呼ぶ．

ヒトの心電図学の解説書では，T 波に続いて U 波が出現すると記載されている．しかし，イヌおよびネコでは U 波は出現しない．ヒトと動物の心電図には相違点がいくつかあるが，U 波はその 1 つといえる．

（5）心房筋の再分極波（Ta 波）

T 波が心室筋の再分極波なら，心房筋の再分極波も出現してよさそうである．ところが，実際の心電図を見ると，P 波の後にそれらしき波形は存在しないことが多い（図 2-29）．

結論からいうと，心房筋も再分極している．この過程で出現する波形を Ta 波（または心房の再分極波）と呼ぶ．一般に，脱分極時のエネルギーと再分極時のエネルギーは比例関係にある．したがって，心室筋が再分極すると大きな再分極波が描かれる．これに対して，筋肉量が少ない心房筋では，脱分極時のエネルギーが小さいため，心房の再分極波は小さすぎて見えないのであろう．つまり，Ta 波は出現しないのが正常である．心房筋の脱分極エネルギーが大きくなる心房拡大では，この Ta 波が記録されることがある．これが出現する場合，Ta 波は P 波と反対方向，つまり陰性波形である（図 2-30）．

臨床的な意味合いを踏まえて，以上の内容を以下の 3 点に要約しておく．

- P 波の異常（変形，高さ・幅の変化など）は心房筋の異常を示す．
- PQ（PR）間隔の異常（延長・短縮）は，房室結節を中心とする心房 - 心室間のインパルス伝導の異常を示す．
- QRS-T 波の異常（変形，高さ・幅の変化など）は心室筋の異常を示す．

5 Q･R･S に気をつけろ！

以上の内容を理解した読者は，QRS 群とは「心室筋の脱分極時に生じる 3 種類の波形の集団」と解釈したはずである．しかし，実際には，QRS 群にいつもこの 3 種類の波形がセットで出現しているとは限らない．具体的にいうと，2 つの波形だけからなる QRS 群，S 波がない QRS 群などは正常でも数多く出現する（図 2-31）．これは大した問題でないと思うかも知れないが，心室の拡大を診断する際に重要である．例えば R 波が基準値よりも高くなると左心室拡大と診断するが，どれが R 波かを正しく識別できないと判断を誤ることになる．別の Part で解説する平均電気軸の算出も不可能になる．大して苦労しないで覚えられることなので，ここで QRS の各波の定義を理解しておこう．

表 2-4 に Q, R および S 波の定義を示した．各波を同定する際，最初に R 波を捜すとよい．R 波は QRS 群の中で唯一の陽性波である．R 波が確認できれば，後は簡単である．R 波の前に陰性波があれば，それは Q 波であり，R 波の後に陰性波があれば，それは S 波であ

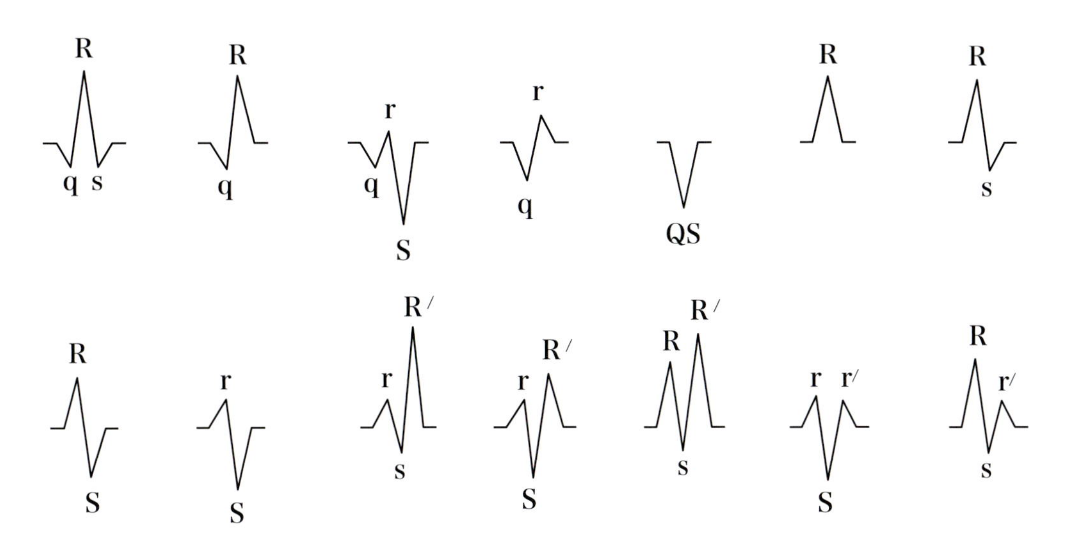

図 2-31　様々な形状の QRS 群

表 2-4　QRS 群の各波の定義

R 波：P 波に続く最初の陽性波
Q 波：R 波に先行する陰性波
S 波：R 波に続く陰性波

る．R 波および S 波は 1 つとは限らない．例えば，S 波の後に陽性波が出現することがある．このような場合，この波を R' 波と呼ぶ．また，QRS 群に R 波がなく，陰性波が 1 つしかない場合，この陰性波は Q 波でも S 波でもないので，QS 波と呼ぶ（図 2-31）．

これに関連して，さきほどの「PQ（または PR）間隔」という表現を解説しておこう．QRS 群が R 波で始まっていれば PR 間隔と呼び，Q 波で始まっていれば PQ 間隔と呼ぶのが正しい．しかし，P 波の始まりから QRS 群の始まりまでの間隔を示していることに変わりはなく，両者は本質的には同一である（以降の解説では，特に必要のない限り PQ 間隔と表記する）．

波形の大きさを表現するために，Q，R および S のアルファベットの大文字と小文字を使い分ける．獣医心電図学では，この使い分けの基準が明確でないため，ヒトの基準に従っているのが通例である．具体的には，0.5mV 未満の波形を小文字で，これ以上のものを大文字で表現する（図 2-31）．

6 心電図波形と心臓運動の関係

心筋の脱分極に引き続いて，心筋は収縮する．すなわち，心電図波形は心臓運動と密接な関係にあり，様々な心臓病の病態や治療方針を理解する上で，この関係は非常に重要である．そこで，本項では心エコー図を用いて心電図波形と心臓運動を整理しよう．

心室が収縮を終えた直後から話を始めよう．

この段階では三尖弁および僧帽弁は閉鎖しており，血液を通過させた直後の肺動脈弁および大動脈弁は閉鎖したばかりである．やがて心室が拡張を開始すると，三尖弁および僧帽弁は解放する．これと同時に心房や静脈から急速に心室内に血液が流入する．

図 2-32 は，パルスドプラ法と呼ばれる心エコー図検査の一手法を用いて，僧帽弁を介して左心室内に血液が流入する際の血流パターンを示している（横方向は時間を，縦方向は血流速度をそれぞれ示す）．心電図波形を見ると，T 波が終了するのと同時に，白色で背の高い三角形の波形が発生している．この波形は拡張早期に発生するので E 波と呼ぶ．E 波を積分すると，拡張早期に左心室内に流入した血液量を算出することができる．T 波が終了して暫くすると P 波が発生して

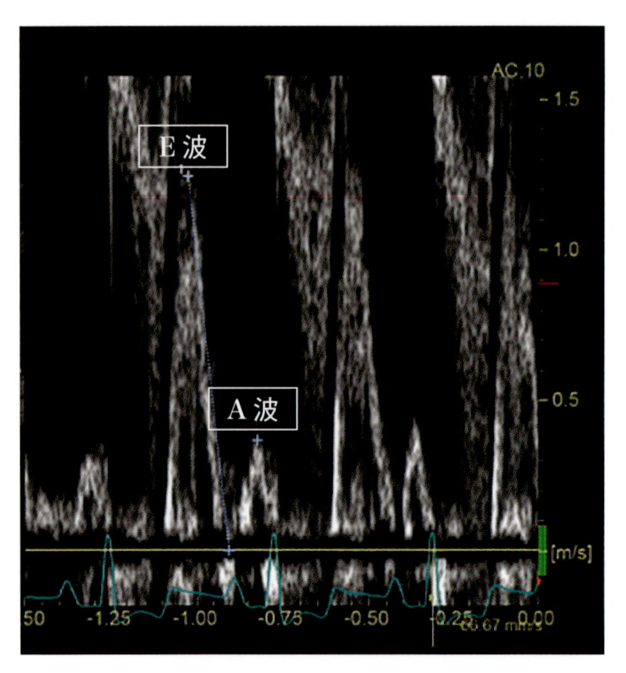

図 2-32　パルスドプラ法による左心室流入波形

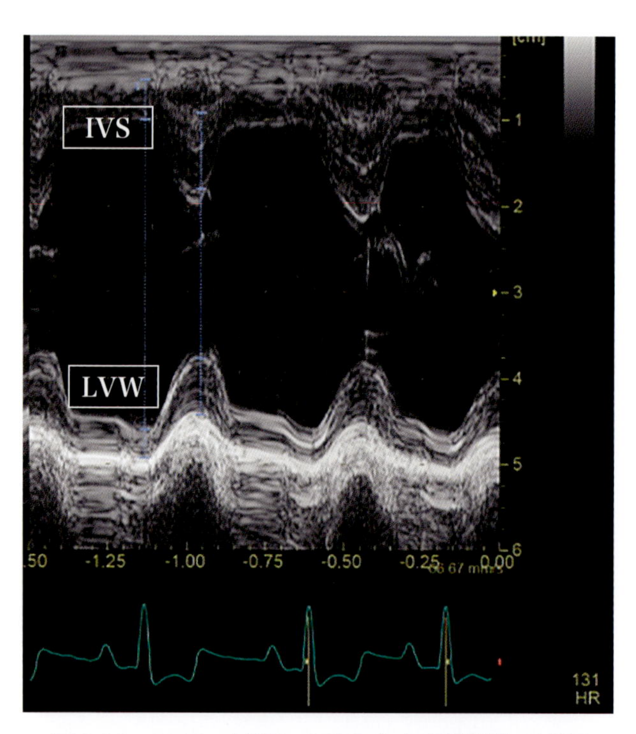

図 2-33　M モード法による左心室の運動性の評価
IVS：心室中隔壁，LVW：左室自由壁.

いる．P 波が発生したということは，このタイミングで心房筋が脱分極したということである．これを裏付けるように，P 波の終了直後に E 波より背が低い（血流速度が遅い）三角形が発生している．これは心房充満期に発生しているので A 波と呼ぶ．無論，A 波は心房収縮により左心房から左心室に流入した血流を示している．このように，心室は拡張期に 2 段構えで充満し，次の収縮期を迎えているのである．次に，心室の収縮に目を向けよう．

最初に図 2-33 の説明を済ませておこう．

この写真は M モード法という心エコー図検査の一手法を用いて撮影したものである．心電図波形と同時に，左心室の動きが連続的に記録されている．

P 波が終了し A 波が出現して，心室が血液で充満した後に QRS 群が発生している．R 波が出現してから T 波が終了するまでの間，左心室自由壁および心室中隔がお互いに近づくように運動していることが判る．これは左心室が収縮し，左心室内の血液を大動脈に拍出している時間帯と一致する．T 波が終了して暫くすると，左心室自由壁および心室

コラム 1

電位，電流，電力

電位：電場内の 1 点に，ある基準点から単位正電気量を運ぶのに必要な仕事のこと．水が水圧の差に従って流れるように，電流は電位の高い所から低い所へ流れる．本書では，この電流をインパルスと表現し，ベクトルに例えた．

電流：電荷の流れ．正電荷の動く向きを正とし，大きさは単位時間に通過する電気量で示される．単位はアンペア（A）．

電力：電流による単位時間あたりの仕事．電流と電圧の積で示される．単位はワット（W）．

中隔は離れており，拡張期に入っていることが判る．このように，心電図波形を通じて心房や心室の運動タイミングを類推できることは強調しておきたい点である．蛇足ながら，心エコー図検査では心電図波形を同時記録することにより，心周期の時相を確認することができる．心電図の同時記録は心エコー図検査では不可欠である．

コラム 2

「だってネコだから」

イヌの心電図波形と比べると，ネコの心電図波形は非常に小さいことが多い．実は，この理由は現在でも不明である．イヌに多発する僧帽弁閉鎖不全症などで心拡大が起こると，これが気道を圧迫して発咳が見られる．しかし，ネコでは心臓がどんなに重度に拡大しても発咳は見られない．この理由も不明である．答えがあるとしたら，「だってネコだから」なのかも知れない．

Part 3 心電図波形の計測法と意義

はじめに

心電図検査の結果が異常か正常かを判定するためには，各測定項目の参考範囲および基準値との比較が不可欠である．無論，我々は各測定項目の意義を理解していなければならない．そこでこの Part では，心電図波形の臨床的意義，そしてその参考範囲または基準値を学習することにしよう．

1 心電図波形の測定項目および測定法

心電図波形を測定するといっても，むやみに測定しても意味がない．測定部位は決まっているのである．しかし，心電図検査の目的によっては波形を測定しない場合がある．例えば，不整脈の診断が心電図検査の主たる目的だった場合，以下に示す全ての測定項目の測定は省略しても，不整脈を正確に診断できることが多い．

各測定項目を表 3-1 に示した．心電図波形を何例か実際に計測すれば，これらの項目は自然と頭に入るだろうから，表 3-1 の測定項目を暗記する必要はない．しかし，各項目が何を意味し，どのように診断に結びつくかは十分に理解しておこう．

ここで注意すべきことが 2 点ある．

第 1 に波形測定の重要性である．

表 3-1　心電図の計測項目

1. 心拍数	4. QRS 群
2. P 波	・持続時間
・持続時間	・各波形の振幅
・振幅	5. ST 部分
3. PQ 間隔	6. QT 間隔
	7. T 波の振幅

自動解析心電計（図 3-1）が小動物臨床でも広く普及し，心電図波形の測定は随分と楽（または不要）になった．診断結果が出ても，心電図波形の測定法や意義を知らないために，その結果を獣医師が確認できないという不可解な現象が生じていることは否めない．自動解析心電計を使用するにしても，各波形の測定法や意義を知っているのと知らないのとでは，診断精度を高める上で雲泥の違いがあることを強調しておきたい．

第 2 に参考範囲および基準値についてである．

心電図検査では参考範囲および基準値の 2 種類がある．例えば，PQ 間隔の参考範囲はイヌでは 0.06～0.13 秒である．これとは別に，Ⅱ誘導の P 波の振幅が 0.4mV を超えたら異常（右心房拡大）と判断する．この 0.4mV を基準値と呼ぶ（正常限界と呼ぶ専門家もいる）．

ところで，筆者が勤務する施設では，イヌの血清中コレステロール濃度の参考範囲は

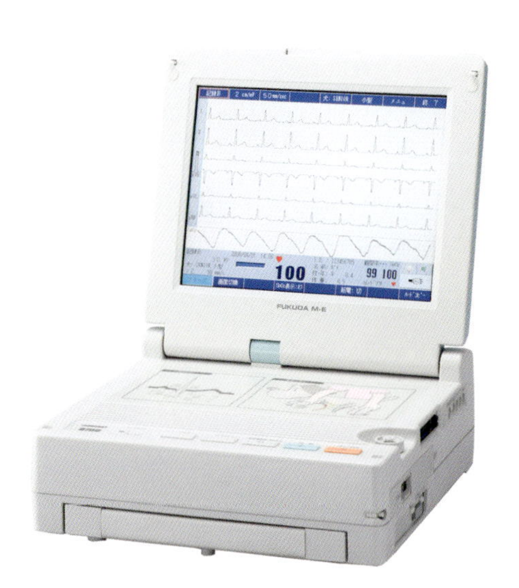

図 3-1　動物用自動解析心電計の一例（D700．フクダ・エム・イー工業（株）の許可を得て掲載）

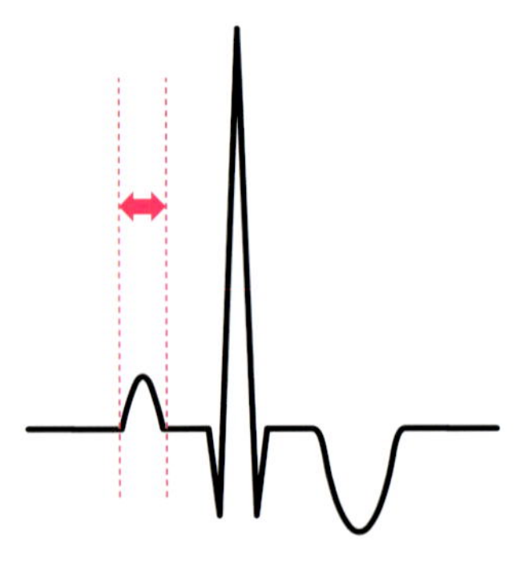

図 3-2　P 波持続時間の測定

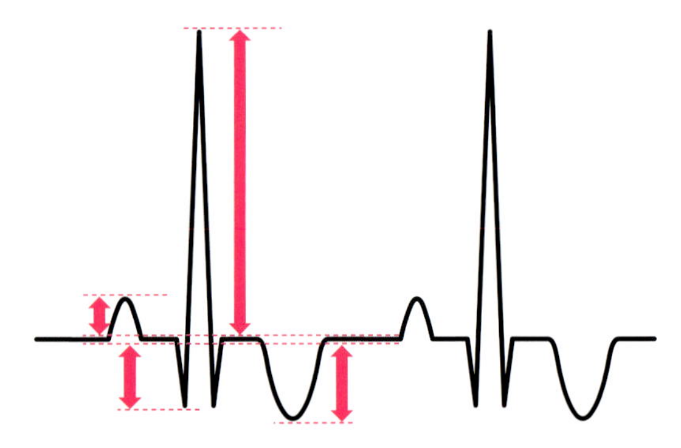

図 3-3　陽性波・陰性波の振幅測定

105 ～ 322mg/dl に設定されている．あるイヌの血清中コレステロール濃度が 325mg/dl だった場合，参考範囲を上回っているので，これを高コレステロール血症と判断することは正しい．しかし，「ほんのわずかな，臨床的には無視しても支障を来さないレベルの異常なので，この原因を鑑別するための追加検査は実施しないでおこう」と判断する獣医師が現実には圧倒的に多いはずである．しかし，心電図検査ではこのような判断は絶対にしない．参考範囲を少しでも逸脱したら，あるいは基準値を少しでも超えたら，それは異常所見と必ず見なさなければならない．

心電図波形の測定項目は，時間および振幅の 2 者に大別できる．

時間とは，要するに P 波や QRS 群の幅（正しくは持続時間と呼ぶ），あるいは PQ 間隔や QT 間隔のことである，つまり心電図波形を横方向に計測することである．測定値の単位は秒またはミリ秒である．心電図波形は方眼紙の上に記録するものである．通常の心電図検査では，この方眼紙を 1 秒あたり 50mm の速度で送り出すので，方眼紙の横 1mm は 0.02 秒（20 ミリ秒）に相当する．P 波の始点および終点の間の距離が P 波持続時間である（図 3-2）．

これに対して，振幅については後述する基線を基準にして，その波形の高さ・深さを測定する．つまり，心電図波形を縦方向に計測するわけで，測定値の単位はミリボルト（mV）である．通常，心電図検査では 1mV を 10mm の波形として描く．このため，方眼紙の縦 1mm は 0.1mV に相当する．

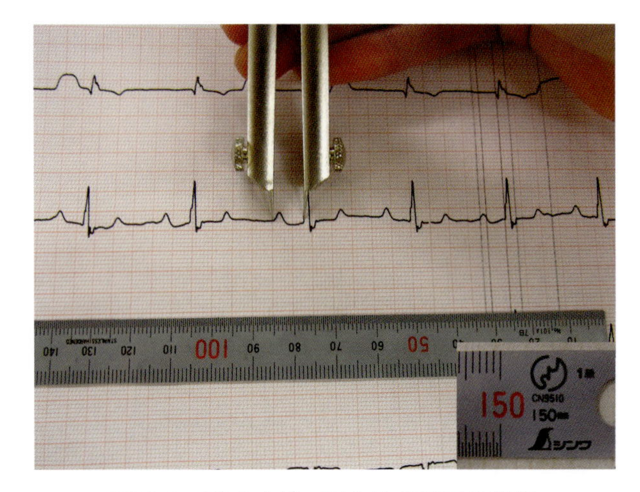

図 3-4　デバイダーによる心電図の計測

心電図学でいう基線とは，心臓が電気的活動を全くしていない時相（休止期）に描かれる直線である（図 2-28）．具体的には，心室が再分極して T 波が出現した後から次の P 波が出現するまでの間である（この間，心室は拡張という物理的活動は行っている）．目的とする波形の振幅が最大または最低に達した点から，その点の直下の基線との距離を計測する．この際，上向き波形の測定には基線の上縁を，そして下向き波形の測定には下縁を基線とする（図 3-3）．

測定には正確を期すのは当然である．プラスチック製定規では，温度により目盛が伸縮するので，正確な測定は不可能である．今後の不整脈の判読にも役立つので，読者にはデバイダーと JIS 規格を満たす金属製定規の購入を強く奨めたい（図 3-4）．デバイダーは不整脈の分析にも非常に役立つ．

表 3-2　心電図波形の参考範囲および基準値

項目	イヌ	ネコ
心拍数 （回 / 分）	70 ～ 160	120 ～ 240
P 波 （秒） （mV）	0.04（大型犬 0.05）まで 0.4 まで	0.04 秒まで 0.2 まで
PQ（PR）間隔（秒）	0.06 ～ 0.13	0.05 ～ 0.09
QRS 群（秒）	大型犬：0.06 まで 小型犬：0.05 まで	0.04 まで
R 波（mV）	大型犬：3.0 まで 小型犬：2.5 まで	0.9 まで
ST 部分（mV）	低下：0.2 を超えない 上昇：0.15 を超えない	低下・上昇なし
QT 間隔（秒）	0.15 ～ 0.25	0.12 ～ 0.18
T 波	陽性・陰性・二相性 R 波の 1/4 を超えない	通常は陽性 0.3mV 未満
平均電気軸（°）	+40 ～ +100	0 ± 160

注意：Ⅱ誘導の P 波，PQ（PR）間隔，QRS 群，R 波，ST 部分，QT 間隔および T 波の参考範囲または基準値

2 各波形の参考範囲および意義

イヌおよびネコの各種参考範囲および基準値を表 3-2 に示した．

(1) RR 間隔

R 波と次の R 波の間隔である．この RR 間隔から心拍数が判る．前述のように，一般的には心電図波形は 50mm/ 秒という紙送り速度で記録されるので，RR 間隔の実測値（mm）で 3,000 を割ることにより，心拍数（回 / 分，bpm と略す）を算出できる．RR 間隔が一定でない場合には，RR 間隔を数カ所測定して心拍数を求めればさらに正確である．

幅 15cm（つまり 3 秒間）の間に出現した QRS 群の数を 20 倍する方法もある．これは非常に大まかな方法で，特に徐脈性不整脈といって心拍数の低下を特徴とする不整脈では，使用しない方がよい．しかし，それほど厳密でなく，大雑把に心拍数を把握したい場合には計算が容易である．

かつてはイヌの安静時心拍数は体格に影響される，すなわち大型犬では安静時心拍数は低く，小型犬では高いといわれていた．しかし，最近の研究では安静時心拍数はイヌの体格に影響されないことが判明している．

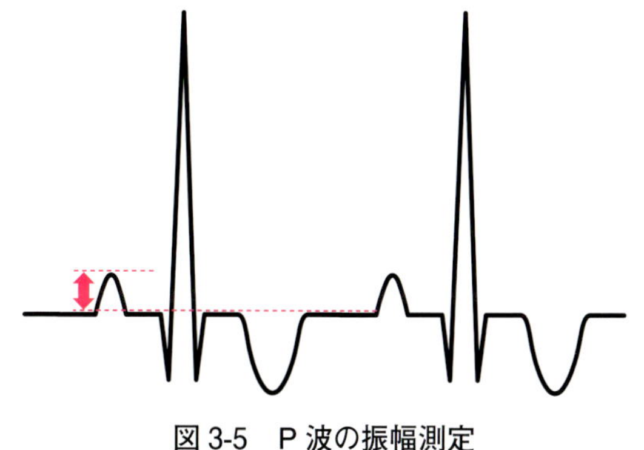

図 3-5　P 波の振幅測定

(2) P 波

P 波については，持続時間および振幅を測定する（図 3-2 および 3-5）．

P 波が描かれる過程は既に詳しく解説したので，ここでは詳述を避けるが，右心房筋が先に興奮し，やや遅れて左心房筋が興奮することだけは述べておく．このことは次の Part 4 で学ぶ心電図波形による心房拡大の診断に密接に関連する．P 波が存在しなければ，ある種の不整脈ということになる．

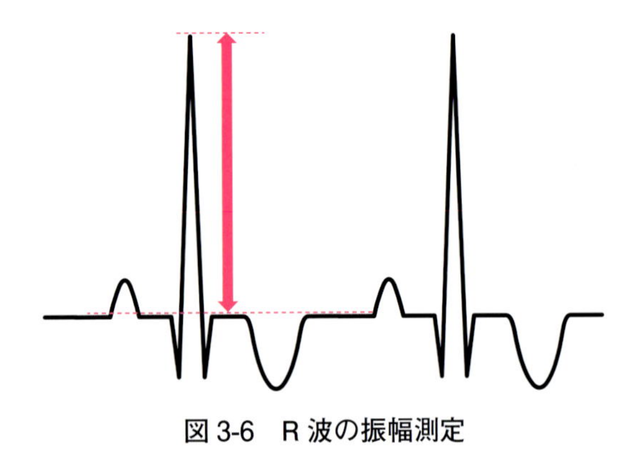

図 3-6　R 波の振幅測定

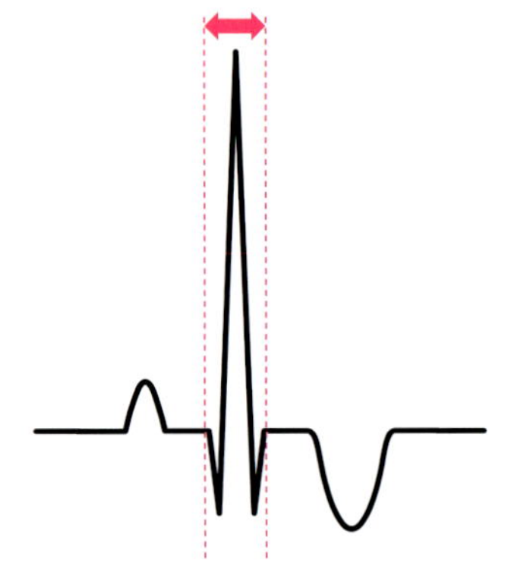

図 3-7　QRS 群持続時間の測定

(3) PQ 間隔

P 波の始まりから QRS 群の始まりまでの間隔である（図 2-18）．既に解説したように，QRS 群が Q 波で始まっていれば PQ 間隔，そして R 波で始まっている場合には PR 間隔と呼ぶ．ちなみに，2 つの波形間の時間を呼ぶ場合には，持続時間と呼ばずに間隔と呼ぶことに注意しよう．

PQ 間隔は心房筋の脱分極時間および房室結節でのインパルス伝導時間の合計値だが，このうち房室結節でのインパルス伝導時間に大きく影響されると考えてよい．

房室結節での伝導時間は刺激伝導系の中で比較すると最も遅く，このことは心拍出量を適切に維持する上で極めて重要であることは既に解説した．他の持続時間や振幅と比べると，PQ 間隔の参考範囲は広く設定されているが，これは PQ 間隔は心拍数に特に強く影響されるためである．心拍数が上昇すると PQ 間隔は短縮し，低下すると延長する．

PQ 間隔が参考範囲を上回った場合，房室ブロックという不整脈と診断する．この房室ブロックは 3 種類に分類されるが，このことは病的不整脈の Part で学習することにしよう．また，PQ 間隔が参考範囲を下回ることもあり，この場合には副伝導路といって，房室結節以外に心房から心室にインパルスを房室結節よりも高速に伝導する刺激伝導系の存在が示される．イヌおよびネコでの発生例は多くないが，このうちウォルフ・パーキンソン・ホワイト（WPW）症候群の報告例が最も多い．

(4) QRS 群

QRS 群は複数の波形から成り立つことが多いので，測定箇所が多くなる．詳細に検討する場合には，QRS 群の全ての波形を計測する必要がある．しかし，表 3-2 を見れば判るように，参考範囲としてはⅡ誘導の R 波の振幅および QRS 群持続時間の 2 つが設定されているに過ぎない．

R 波の振幅とは，基線の上縁から R 波の頂点までの距離である（図 3-6）．QRS 群持続時間は P 波持続時間と同様，QRS 群の始まりから終わりまでの時間である（図 3-7）．ここで，QRS 群持続時間の参考範囲はイヌの体格により個々に設定されていることに注意しよう（P 波も同様だった）．

QRS 群持続時間が基準値を超えていた場合，左心室拡大と判断する．Ⅱ誘導の R 波が基準値を超えた場合も同様である．心電図波形による心室拡大診断については，Part 5 で詳述する．

(5) ST 部分

これは QRS 群の終わりから T 波が始まるまでの部分である（図 2-27）．この部位が基線に対してどの程度上下しているかを計測する（図 3-8）．実際に心電図波形を計測すると判ることだが，この部位の計測が最も難しい．きれいで読みやすい心電図波形を記録しないと，正確に測定できないことが多い．また，QRS 群の終了と同時になだらかに T 波に移行し，ST 部分が平坦にならないことがある．これは ST スラーと呼ばれ，イヌでは

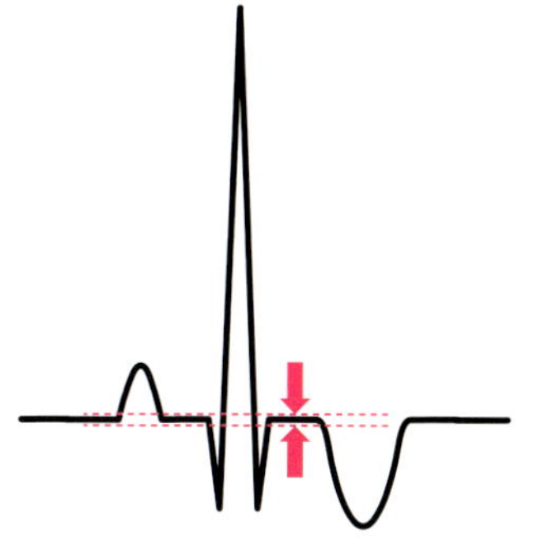

図 3-8　ST 部分の測定

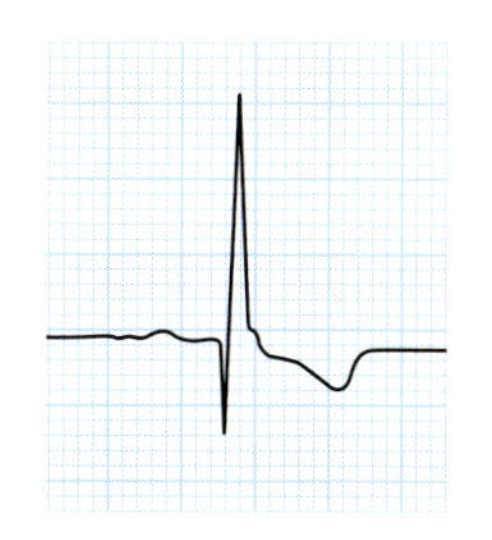

図 3-9　ST スラー

左心室拡大に伴って見られることが多い所見である（図 3-9）．

ST 部分の上昇または低下は，心室拡大に加え，低酸素血症，血清電解質異常などでも認められる．しかし，これらを検出する際の信頼性（感度および特異度）は検証されていない．

（6）QT 間隔

QRS 群の始まりから T 波の終わりまでの間隔である（図 3-10）．PQ 間隔と同様，QT 間隔も参考範囲が広く，心拍数と反比例する．参考範囲を表 3-2 に示したが，先行する RR 間隔の概ね 1/2 未満と覚えておけばよい．

PQ 間隔と同様，この QT 間隔も心拍数の影響を受ける．心拍数の影響を除外して QT 間隔を評価するために，数種類の補正式が提唱されている．この補正された QT 間隔を QTc と呼ぶ．獣医学領域では，$QTc = QT/\sqrt{RR}$ という補正式が広く用いられている（RR は RR 間隔）．この QTc は心収縮性の指標と考えられ，かつてはジゴキシンのような強心剤の開始タイミングを判断するために使用されたが，最近では心エコー図検査により

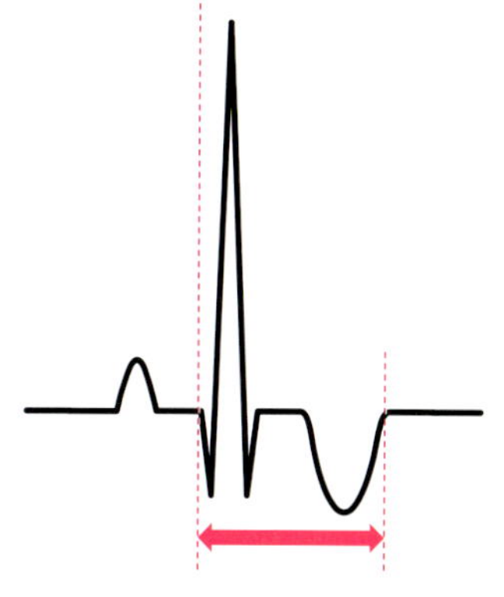

図 3-10　QT 間隔の測定

測定される短縮率の方がより正確に心収縮性を示すことが判っているため，QTc が利用されることは全くといってよいほどなくなった．

（7）T 波

ヒトでは，T 波から様々な情報が得られるが，動物では T 波の診断的意義はあまり検討されていない．これには，健康なイヌであっても，陰性，陽性または二相性と，T 波の形状が変化に富むことが大きく原因している（図 2-26）．1 つの目安として，T 波の振幅は同じ誘導の R 波の 1/4 以下が正常と考えておけばよい．

T 波の波高は高カリウム血症で増高し，また波形がテント状に先鋭化するといわれている．しかし，このような波形の変化は高カリウム血症に特異的なものではなく，また高カリウム血症の動物で必ず見られる所見でもない．

3 平均電気軸の算出法および意義

平均電気軸とは，心室筋が脱分極する際に無数に生じるインパルスを 1 本に集約したベクトルの方向のことである．換言すると，図 2-21，2-23 および 2-25 の 3 段階で生じるベクトルを，さらに 1 本に集約して得られるベクトルの向き（角度）のことである（平均電気軸ではベクトルの長さは考慮しない）．

平均電気軸は心室拡大の判定基準の１つとなる．心電図波形による心腔拡大の診断精度は，X 線検査や超音波検査のそれには明らかに劣る．しかし，臨床現場では心電図検査とこれらの画像診断を常にセットで実施できるとは限らない．すなわち，心電図検査の結果のみから心腔拡大の有無を判定せざるを得ない状況も想定される．

(1) 誘導とベクトルの関係

この点に関しては既に解説済みだが，若干の補足が必要である．

双極誘導の場合，ベクトルが陽極方向を向いていれば陽性波が，そして陰極方向を向いていれば陰性波が描かれる．ベクトルが双極誘導と垂直になるように発生した場合には，波形が全く描かれないか，あるいは振幅の等しい陽性波と陰性波（これらを等電位波形と呼ぶ）が描かれる（図 3-11）．このことが平均電気軸を求める際の重要なポイントになる．

(2) 標準肢誘導と平均電気軸

次に，これまで学習してきた標準肢誘導，つまりⅠ～Ⅲ，aVR，aVL および aVF 誘導の関係を復習しよう．

図 3-12 の左図については説明不要であろう．全ての誘導がアイントーベン三角の中心（つまり心臓）で交わるように 6 種類の誘導を平行移動させる．するとこの右図ができる．この図は平均電気軸の理解に不可欠なので，よく見ておこう．この図を元に 2 種類の平均電気軸の算出法を紹介する．

(3) 方法その１　～正確だが煩雑な方法～

この方法は正確であるが，臨床現場で算出するとなると煩雑さは否めない．この方法には定規および分度器が必要である．

図 3-13 にこの方法の概要を示した．

最初にⅠ～Ⅲ誘導から任意の誘導を１つ選択し，その誘導の QRS 群の各波形の振幅を計測する．図 3-13 ではⅠ誘導を選択している．得られた数値を合計するが，この際に陽性波の値はプラスとして，陰性波はマイナスとして計算することに注意しよう．この図では合計値は +1.2 である．Ⅰ誘導は左前肢がプラス，右前肢がマイナスであることを念頭に，この合計値をⅠ誘導上にプロットする．

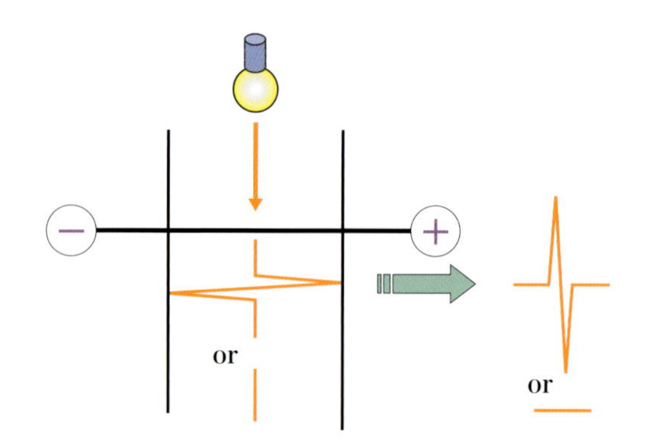

図 3-11　等電位波形が描かれるプロセス

次に別の誘導（図ではⅢ誘導）を選択し，同じように QRS 群の各波の振幅を測定および合計する（図では +1.0）．Ⅲ誘導では左前肢がマイナスで，左後肢がプラスであることを念頭に，この合計値をⅢ誘導上にプロットする．

次に，この 2 種類の誘導上にプロットした点からそれぞれ垂線を引き，この両者を交差させる．この交差点および中心点（Ⅰ誘導とⅢ誘導の交点）を結ぶ直線を引く．Ⅰ誘導の陽極（左前肢）が ± 0°なので，これを基準にして最後に引いた直線との角度を測定する．この角度が平均電気軸である．この例では 61°である．

この方法で注意すべき点は，双極誘導から 2 種類の誘導を選んだことである．増高単極肢誘導を使用しても構わないのだが，この誘導では実際の波形よりも 1.5 倍拡大されて波形が描かれるので，方眼紙上にプロットする際にこのことを考慮する必要がある．

(4) 方法その２　～やや不正確だが，迅速な方法～

ある程度は精度に問題があっても構わないから，迅速に算出できる方法が診療現場では重宝されることが多く，平均電気軸も例外で

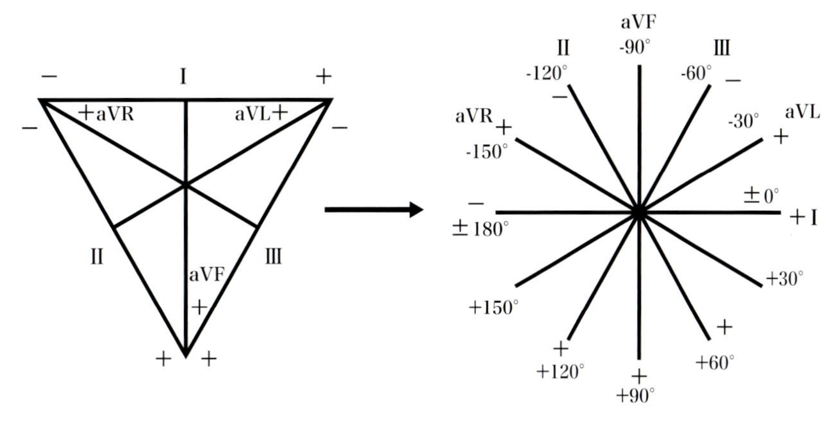

図 3-12　誘導法と平均電気軸

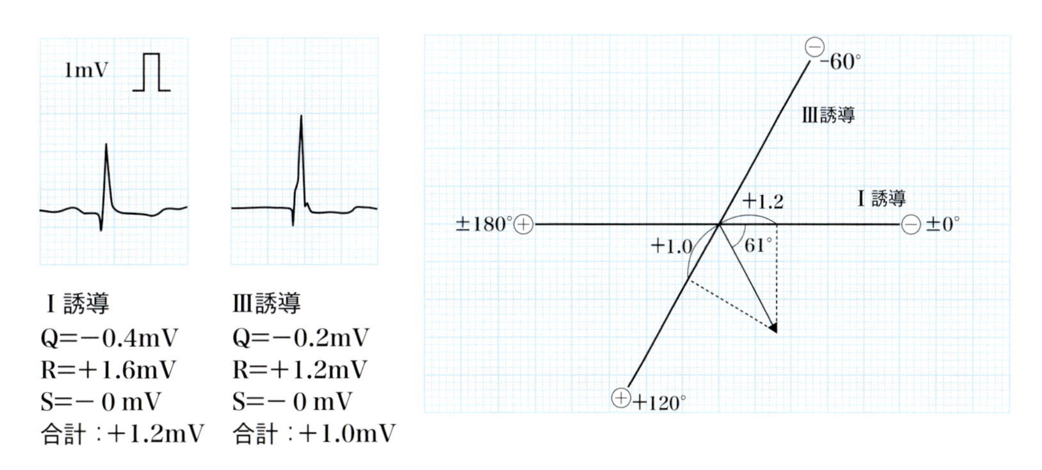

図 3-13　平均電気軸の算出法（1）

はない．これから述べる方法には，心電図波形以外に必要なものはない．波形を見ながら頭の中に入っている図 3-12 を使って算出するのである．

図 3-14 で説明しよう．この心電図は図 3-13 と同じイヌから記録されたものである．

まず，記録した標準肢誘導から等電位の QRS 群を探す．等電位の QRS 群が見あたらない場合，最も等電位に近いものを選ぶ．この図では aVL 誘導が該当する．

平均電気軸の方向とある誘導が垂直な関係にあれば，あるいは垂直に近い関係にあれば，その誘導の QRS 群は等電位になるので（図 3-11），この症例の平均電気軸は 6 種類の誘導の中で aVL 誘導と最も垂直に近いはずである．このことがこの方法のカギである．

aVL 誘導と垂直な関係にあるといっても，2 種類のベクトルが考えられる（図 3-14 の A および B）．このうち，どちらがこの症例の平均電気軸に近いかは，aVL 誘導の QRS 群を見ても判らない．そこで，aVL 誘導と垂直な誘導で描かれた QRS 群の向きを調べるのである．

aVL 誘導と垂直なのは II 誘導である．平均電気軸は II 誘導と最も平行に近いはずである．II 誘導の QRS 群のうち，振幅が最大の波形を見つける．この図では無論，R 波である．よく見ると，Q 波も存在しているので，「QRS 群が上を向いているとはいえないのではないか？」と思うかも知れない．QRS 群の中で振幅が最大の波形が上下どちらを向いているかを基準に判断すればよい．II 誘導に用いられる電極のプラス・マイナスを考えると，II 誘導で QRS 群が上を向くためにはベクトル，つまり平均電気軸は A でなければならない．

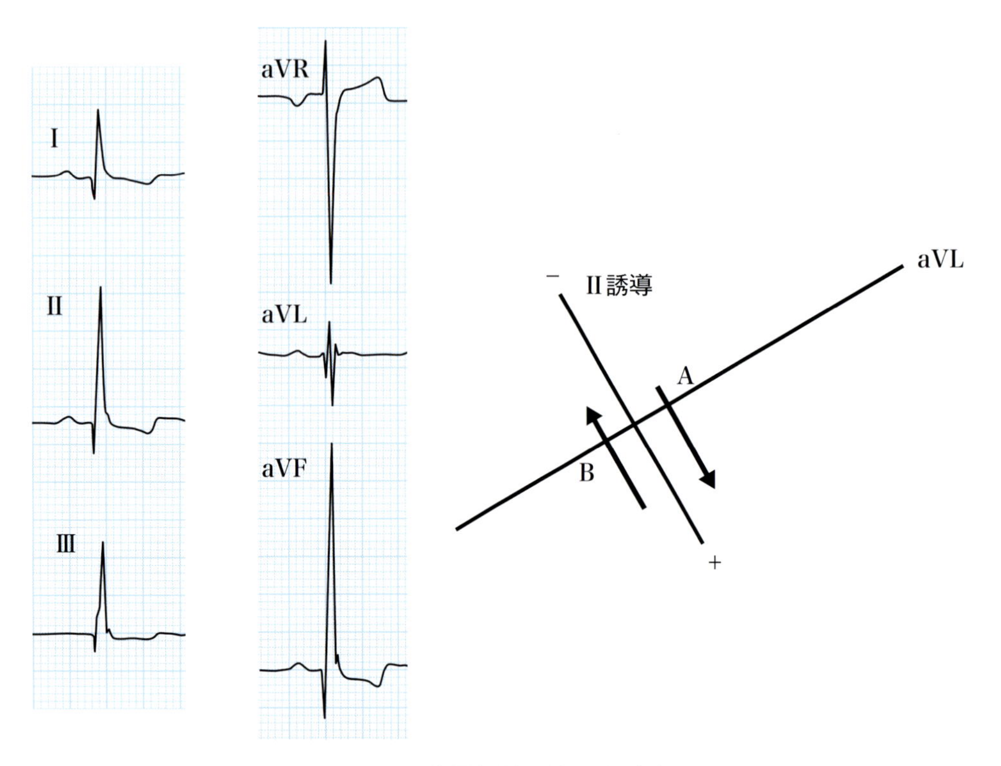

図 3-14　平均電気軸の算出法（2）

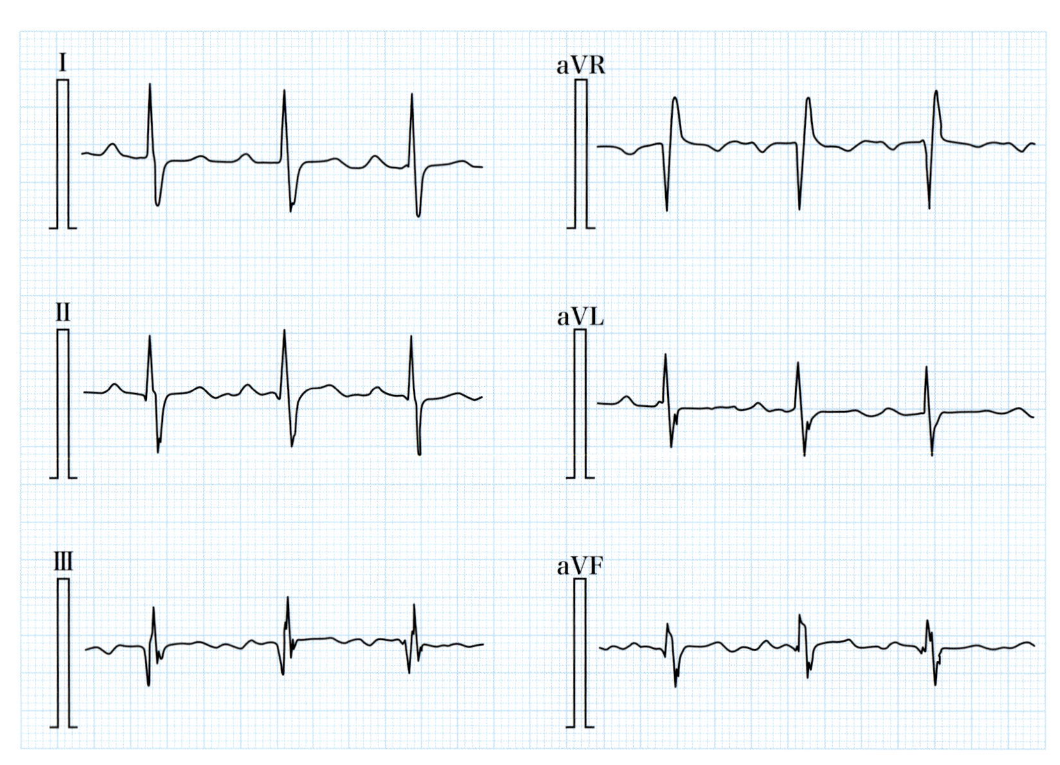

図 3-15　電気的等電位

この方法では，このイヌの平均電気軸は60°で，方法その1と1°の差がある．既に述べたように，方法その2では平均電気軸は30°刻みでしか求められない．いい加減といえばいい加減な方法である．しかし，6種類の誘導がそれぞれどのような角度で位置しているかさえ頭に入っていれば，道具を全く必要とせず，また慣れれば数秒で算出できてしまう．臨床現場では，このメリットはやはり大きい．

(5) 平均電気軸の参考範囲

平均電気軸の参考範囲はイヌでは+40～+100°，そしてネコでは0±160°である（表3-2）．

ここで，ネコの参考範囲が非常に広いことに注目しよう．ネコの異常範囲は180±20°と，参考範囲よりも圧倒的に狭いのである．残念ながら，ネコの平均電気軸には診断的意義はないといわざるを得ない．ネコの参考範囲が非常に広い理由として，ネコの心臓は胸腔内で広範囲に動けるのではないかと個人的には思うのだが，解剖学的な裏付けに乏しく詳細は不明である．要約すると，平均電気軸は心室拡大の判定に使用できると説明してきたが，これはイヌでのみいえることと理解しよう．

イヌで平均電気軸が+100°を超えた場合を左軸偏位と呼び，これは左心室拡大で見られる．これに対して，平均電気軸が+40°を下回った場合は右軸偏位と呼び，これは右心室拡大で見られる．しかし，平均電気軸が参考範囲内にあるからといって，心室拡大を否定できるとは限らないことに注意しよう．別のPartで解説するが，心電図波形から心室拡大を診断するためには複数の基準があり，平均電気軸はその1つに過ぎない．平均電気軸が参考範囲内にあっても，その他の心電図所見から心室拡大と診断される例は珍しくない．

平均電気軸の算出は，どちらの方法でも慣れてしまえば簡単である．しかし，非常にまれなことだが，平均電気軸を算出できない心電図波形に遭遇することがある．具体的には，6種類全ての誘導で等電位のQRS群が記録される場合である（図3-15）．どのようなメカニズムでこの現象が起こるのかは不明だが，このようなケースでは心室拡大を評価する手段は画像診断しかない．

Part 4

心房拡大の心電図診断

心房拡大とは？

イヌにしてもネコにしても，心臓病は一般的な疾患である．通常，心臓病ではいずれかの心腔が拡大することが少なくない．心拡大は病的不整脈よりもはるかに多く見られる心電図異常だという印象を筆者は持っている．

一般に感度や特異度が低いことは，その検査にとって致命的な欠陥である．図 4-1，表 4-1 および 4-2 に示したように，心電図波形による心腔拡大の検出感度は明らかに低い．しかし，このことを根拠に「心電図検査は役に立たない」と筆者は思わない．以下にそう思う背景および理由を述べる．

心電図検査の最大の目的は不整脈診断である．これだけは他の検査では代用できないからである．このため，心腔拡大の診断精度に欠点があったとしても，不整脈の検出に関して絶対的な信頼がある限り，心電図検査の意義が薄らぐことはない．

心電図波形は心筋の電気的活動を示してい

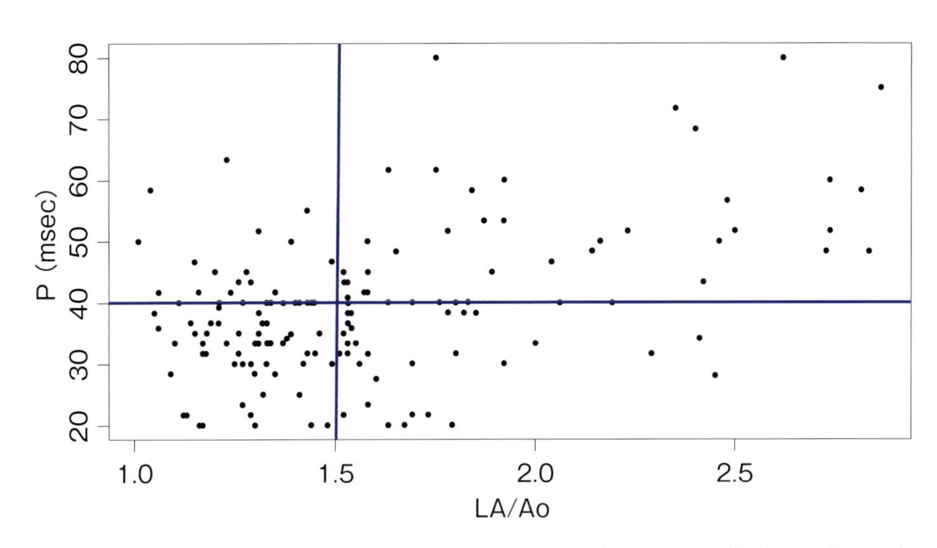

図 4-1　イヌの II 誘導の P 波持続時間（縦軸）および心エコー図検査で測定した左心房内径／大動脈根内径比（LA/Ao，横軸）は統計学的には有意に相関したが（r = 0.47，p<0.0001），弱い相関に過ぎなかった．青線はそれぞれの正常限界値を示す．なお，この青線は許可をとって筆者が付した．
Savarino, P. et al.(2012)：J Small Anim Pract, 53, 267-272, Wiley から許可を得て掲載.

表 4-1　II 誘導の P 波，QRS 群持続時間および R 波振幅による心腔拡大の鑑別能（イヌ）

波形	拡大心腔	感度(%)	特異度(%)	カットオフ
P 波振幅	右心房	52	70	0.37mV
QRS 群持続時間	左心室	97	39	45msec
R 波振幅	左心室	70~71	75 ～ 78	2.1~2.5mV

左心房拡大があったイヌとなかったイヌの間で，P 波持続時間に有意差は認められなかった
藤掛ら（2012）：日獣循環器学会（大宮），口頭発表.

表 4-2　II 誘導の P 波持続時間および平均電気軸による猫の左心房および左心室拡大の鑑別能

検査項目	的中率 (%)	感度 (%)	特異度 (%)
P 波持続時間	62	43	70
平均電気軸	69	21	89

Schober, K. E. et al.（2007）：J Vet Intern Med, 21, 709.

るに過ぎないので，心形態の診断能が画像診断より劣るのは当然といえよう．診療現場に画像診断が浸透していないのであれば，心電図波形による心腔拡大の検出感度は問題になるだろう．しかし，我が国の診療施設でのX線撮影装置や超音波診断装置の普及率は高い．心電図検査が苦手とする心拡大の評価は，これらの画像診断が十分に代わりを務めてくれるので，心電図波形による心拡大の判定精度に問題があっても，臨床現場ではそれほど問題にならないのである．

さて，診断基準が少ないために理解しやすい心房拡大の心電図診断を最初に解説し，次に心室拡大を扱うことにしよう．心房拡大を学習するといっても，「この波形がこうなると左心房拡大で…」と解説すると，様々な誤解が生じると思われるので，最初にいくつかの注意事項を解説する．なお，以下の説明は心房拡大だけでなく心室拡大にも該当することであり，また心臓に限らず一般論としても重要なことが含まれているので十分に理解しよう．

(1) 心房拡大は病名ではない！

心電図波形から心房拡大と診断できても，それは疾患を診断したことにはならない．心臓や血管に何らかの異常があれば心形態は変化するだろう．しかし，心房が拡大していることが判っても，どのような異常が原因で心房が拡大したかは判らない．我々が本当に知りたいことは心房拡大の存在ではなく，心房が拡大した原因であり，その対処法である．なお，心電図波形により診断できる心形態の異常は拡大だけで，正常よりも小さい心腔は診断できない．

(2) 拡大・肥大・拡張の意味

心拡大には2パターンがある．

心腔容積が大きくなる拡大パターンを遠心性肥大または拡張と呼ぶ．これに対して，心室壁が内腔に向かって肥厚し，心腔容積が低下する拡大パターンを求心性肥大または単に

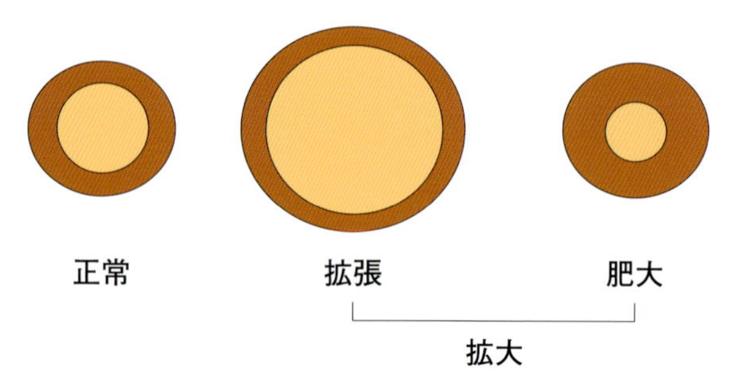

図 4-2　左心室の拡大，拡張および肥大の模式図

肥大と呼ぶ（図 4-2）．拡大とは拡張および肥大の総称である．なお，様々な負荷に伴う心形態の変化のことを，最近ではリモデリングと呼ぶことが多い．

例えば，僧帽弁閉鎖不全や動脈管開存症のように，大量の血液が左心室に流れ込む状態（容量負荷の増大）では，この負荷に対して左心室は拡張（遠心性肥大）により適応する．また，大動脈弁や肺動脈弁の狭窄，あるいは全身性高血圧のように，心室が収縮する際に正常時よりもパワー（強い収縮力）を必要とする状態（圧負荷の増大）では，心室は（求心性）肥大を起こして負荷に適応する．

心電図波形では拡張と肥大の鑑別は不可能である．換言すると，拡大していることまでしか判定できない．このため，「この QRS 群は左心室拡大パターンを示している」という言い方をするのである．また，心房容積と P 波の間に相関がなかったという報告を重要視している心電図学者は，「心房拡大」という言葉の使用に抵抗を感じているため，「心房負荷」という用語の使用を好んでいる．

(3) 診断基準の問題

意外に感じる読者が多いと思うが，心房および心室の拡大を診断するための基準は実は十分に検証されていない．どのような経緯でこれらの基準が設定されたのかも定かでない．画像診断，特に心エコー図検査と比較すると，心電図波形による心腔拡大診断の感度および特異度は低いことは繰り返し述べてきた．実際に，画像診断で例えば左心房拡大が確認された症例の心電図波形には，左心房拡

大の所見が見られないということは決してまれではない．無論，画像診断と心電図検査で心腔拡大に関して矛盾した結果が出た場合，画像診断の結果を採用すべきである．

(4) 診断に用いるのは主にⅡ誘導

場合によってはⅡ誘導以外の心電図波形を判定に使うこともあるが（この点に関しては心室拡大の項で解説する），心拡大は主にⅡ誘導心電図波形に基づいて判断するのが基本である．以下の解説では，特に断らない限りⅡ誘導の心電図波形による心腔拡大の判定法を述べる．

(5) 複数の心腔が拡大することもある

心臓病といっても様々なタイプがあり，その種類によって拡大する心腔が決まっている．ある心臓病では右心房だけが拡大するし，別の疾患では両心房が拡大する．また4心腔全てが拡大することもある．

他の検査と同様に，心電図波形から読み取れる異常は1つとは限らない．人間の習性(?)とでもいえようか，異常所見を1つ見つけただけで安心してしまい，それ以上のチェックを怠ってしまうことがある．例えば，P波を見て右心房拡大と診断しただけで安心してはいけない．左心房拡大はないか，QRS群は正常か，不整脈はどうか…常に疑い続けることが心電図診断の重要なポイントである．

2 心房拡大の心電図所見

心房が拡大すると，心電図波形がどのように変化するかを学習しよう．念のため確認しておくが，心房の変化はP波に反映され，QRS群やT波には変化が現れない（このことが判らなかった読者は，これまでの内容をぜひ復習しよう）．

(1) P波の成立機序

P波の成立機序に関しては既に詳しく解説

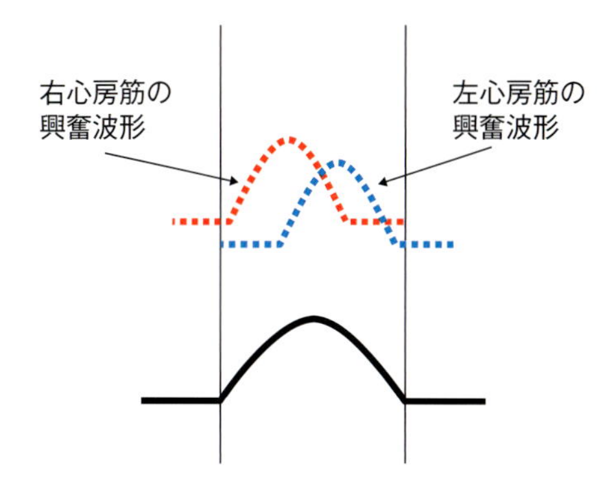

図4-3　P波が描かれるプロセス（正常）

表4-3　P波の基準値（Ⅱ誘導）

項　目	イヌ	ネコ
持続時間（秒）	0.04 （大型犬：0.05）	0.04
振幅（mV）	0.4	0.2

したが，確認の意味も含めて簡単に要約しておこう．

洞結節は右心房の背側に位置する．このため，この部位で発生したインパルスが心房筋に伝達すると，最初に右心房筋が脱分極し，やや遅れて左心房筋が興奮する．言い換えると，P波とは右心房筋と左心房筋という2種類の筋肉が脱分極した時の合成波形であり，両者の興奮には若干の時間差がある（図4-3）．この時間差はほんの一瞬なのだが，心房が拡大するとこの時間差に変化が生じ，そのために合成波であるP波が変形する．この変形には3種類のパターンがあり，それぞれ診断的意義が異なる．

(2) P波の基準値

心房拡大を診断するためには，Ⅱ誘導のP波の基準値を知らなければならない（表4-3）．「イヌとネコのP波の基準値なんて同じでしょう」という考えは誤りである．イヌに関しては，以前は体格は考慮されなかったが，最近では大型犬のP波持続時間は長めに設定されるようになった．

P波の基準値は持続時間および振幅について設定されている．表4-3に示した基準値が頭に入っていないと，心房拡大は判定できな

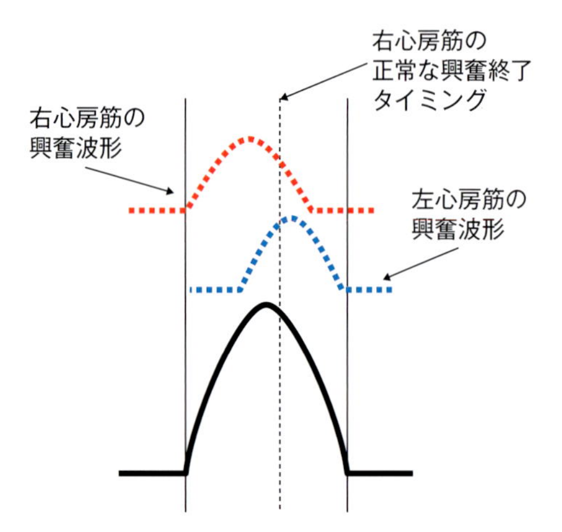

図 4-4　右心房拡大によりＰ波振幅が増高するメカニズム

い．これらの数値は，できるだけ多くの心電図を見ていけば自然に頭に焼き付くものだと筆者は思う．実際的な視点から考えると，このような基準値の類いはマス目の数，つまりmm単位で覚えた方がよい．通常，心電図波形は1mVを10mm（つまり10マス），そして1秒を50mm（つまり50マス）という条件で記録される．振幅に関しては1mmは0.1mVであり，時間に関しては0.02秒と等しい．つまり，イヌのＰ波持続時間は2mm（大型犬では2.5mm）まで，そして振幅は4mmまでと理解しておくと，Ⅱ誘導の心電図波形を見て直ちに心房拡大の有無をチェックできるので便利である．

（3）右心房拡大

図 4-4をご覧頂こう．

Ｐ波は右心房筋の興奮波と左心房筋の興奮波の合成波形であることは既に述べた．右心房が拡大すると，脱分極により時間がかかるようになる．これに伴い右心房筋の脱分極終了も正常時よりも遅れ，左心房筋の脱分極波と重複する時間が長くなる．Ｐ波は両心房筋の合成波なので，Ｐ波の振幅が増大する．つまり，イヌではⅡ誘導のＰ波の振幅が0.4mV（4mm）を超えて増高した場合，右心房拡大と診断する（図 4-5）．

繰り返しになるが，基準値を超えて増高したＰ波が物語っているのは右心房拡大だけ

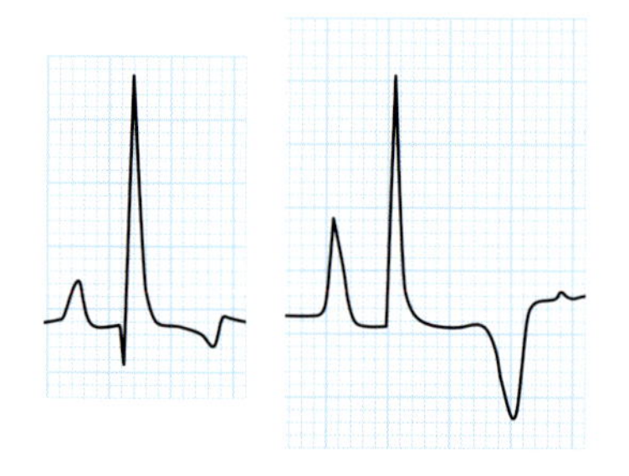

図 4-5　右心房拡大の心電図波形
イヌのⅡ誘導（左：正常　右：右心房拡大）

表 4-4　心房拡大の鑑別リスト

右心房拡大	左心房拡大
慢性呼吸器疾患	僧帽弁閉鎖不全症
三尖弁閉鎖不全症	心筋症
イヌ糸状虫症	心奇形
肺高血圧	・動脈管開存症
心筋症	・大動脈弁狭窄
心奇形	・心室中隔欠損
・肺動脈弁狭窄	・僧帽弁狭窄など
・心房中隔欠損など	

であって，その原因疾患ではない．参考までに，右心房が拡大する代表的疾患を表 4-4に示したが，これらの鑑別には問診，身体検査，画像診断などの心電図検査以外の所見が不可欠である．なお，右心房のみが拡大する疾患は非常に少なく，多くの疾患では右心室も拡大することが多い．

右心房拡大を示すＰ波は慢性呼吸器疾患の動物でも見られるため，振幅が増大したＰ波をかつては肺性Ｐと呼んだ．しかし，表 4-4に示したように慢性呼吸器疾患以外の疾患でもＰ波の振幅は増大するので，この名称は適切でなく最近ではあまり使用されなくなった．

右心房が重度に拡大してもＰ波が極端に増高することはない．筆者の経験論だが，Ｐ波が1.0mVを超えることはまずあり得ない．Ｐ波の増高といっても基準値を0.2～0.4mVほど超えている場合がほとんどである．これは実測値でいうと6～8mmである．わずかな変化なので，見逃さないように心がけよう．

（4）左心房拡大

基本的な考え方は右心房拡大と同じであ

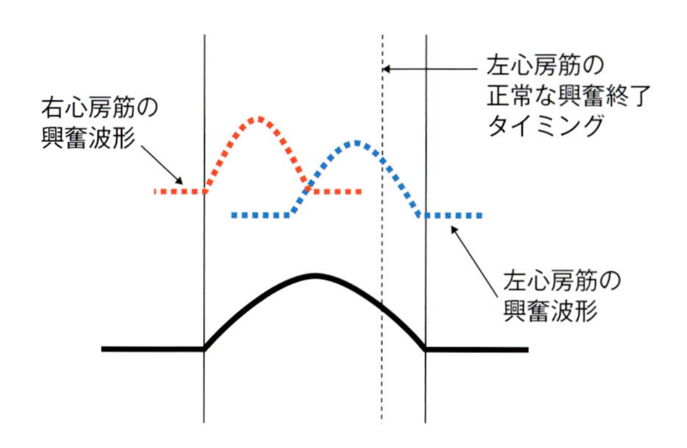

図 4-6　左心房拡大により P 波持続時間が延長するメカニズム

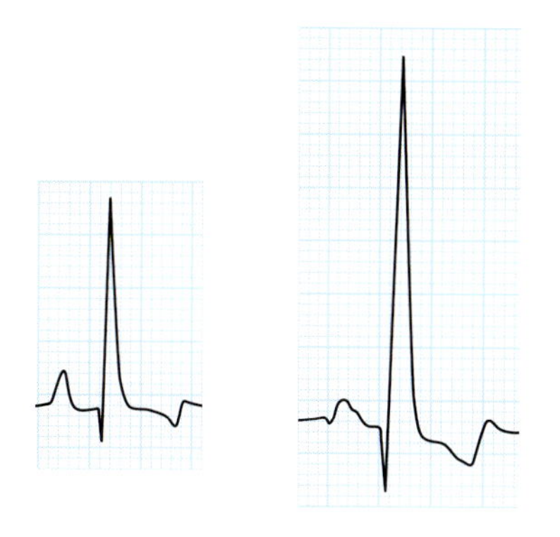

図 4-7　左心房拡大の心電図波形
イヌのⅡ誘導（左：正常　右：左心房拡大）

る．

左心房が拡大すると，左心房筋の興奮終了タイミングが遅延する．右心房筋の脱分極が開始および終了するタイミングは不変だから，P 波は正常よりも幅広くなる（図 4-6）．つまり，イヌでⅡ誘導の P 波持続時間が 0.04 秒（2mm：大型犬種では 0.05 秒［2.5mm］）を超えて延長していた場合，左心房拡大と診断する（図 4-7）．

かつては，P 波の頂上付近に見られるノッチ（notch, くぼみ）も左心房大の重要な所見とされていた（図 4-7）．現在ではノッチの有無に関係なく，持続時間だけから左心房拡大と診断してよい．特に大型犬では体格に比例して心臓も大きいため，正常であっても P 波にノッチが見られることがある[i]．しかし，P 波にノッチが見られる場合には，P 波持続時間が延長していることが多いのもまた事実である．このため，P 波にノッチが見られた場合には，P 波持続時間を必ずチェックしよう．

P 波持続時間の延長は，僧帽弁疾患の症例でも認められるため，このような P 波をかつては僧帽性 P と呼んでいた．しかし，僧帽弁疾患以外にも左心房が拡大する疾患は多いので，僧帽性 P という名称は不適切と考えられるようになった．このため肺性 P と同様，この名称は最近はあまり使用されなくなった．

左心房が拡大する疾患を表 4-4 に示した．この中には，左心房以外の心腔も同時に拡大する疾患が含まれていること，そしてイヌでは僧帽弁閉鎖不全が最も多発していることは頭に入れておこう．

(5) 両心房拡大

両心房が拡大することはまれではない．この場合，左心房拡大および右心房拡大の所見が同時に出現する（図 4-8）．つまり，P 波持続時間は 0.04 秒を超えて延長し，同時に振幅は 0.4mV を超えて増大する（図 4-9）．

3 その他の P 波の異常

P 波の異常は持続時間の延長，振幅の増大，そしてこの両者の 3 種類だけではない．以下に P 波のその他の異常を要約しておこう．

(1) 心拍毎に振幅が変動する P 波

P 波の振幅が心拍毎に変動することがある．不整脈の Part で詳述するが，この所見は特にイヌで頻繁に観察される現象である．変動するといっても，例えば 0.3mV だった P 波が，次の心拍動で 1.0mV になるというような極端な変化ではない．このため，注意して確認しないと見逃してしまう所見である．この現象はワンダリング・ペースメーカ（ペースメーカの移動）をはじめとするいく

[i] 蛇足ながら，ウマではこの理由により P 波にノッチが見られることがほとんどである．

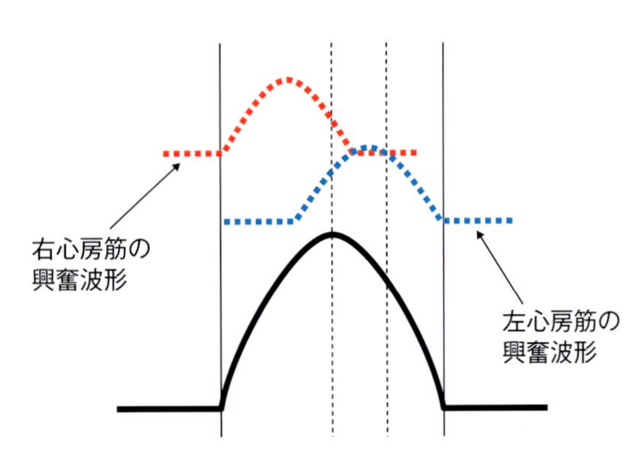

図 4-8　両心房拡大によりＰ波の振幅および持続時間が増大するメカニズム

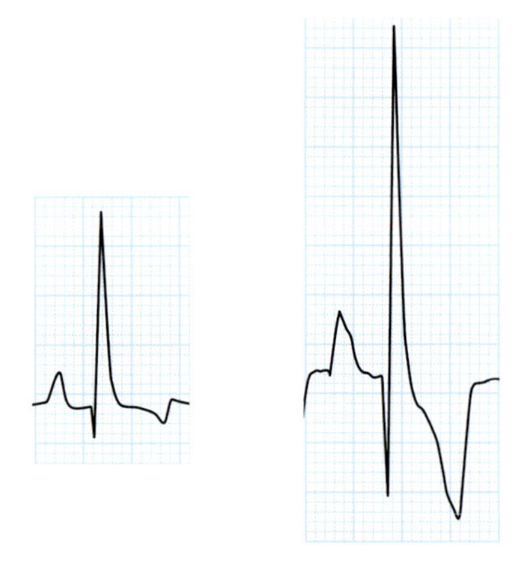

図 4-9　両心房拡大の心電図波形
イヌのⅡ誘導（左：正常　右：両心房拡大）

つかの不整脈で見られる.

(2) Ｐ波の欠如

Ⅱ誘導心電図でＰ波が見られない場合がある．これには，心房筋は脱分極しているのにＰ波が出現していない場合，そして心房筋が脱分極していない場合という２つの原因が考えられる.

1) 心房筋は脱分極しているのにＰ波が出現していない場合

このケースには２つの可能性が考えられる.

まず第１に，他の誘導ではＰ波が記録されているのに，ある誘導ではＰ波が描かれないという場合である．この例を図 4-10 に示した．この心電図のⅡ誘導には確かにＰ波は見られない．この点に関しては，既に解説した「インパルスとⅡ誘導が垂直な関係にある場合」を思い出して頂きたい．心房筋が興奮した時のインパルスがⅡ誘導と垂直な関係にあったため，Ⅱ誘導ではＰ波が描かれなかったのである．これに対して，他の誘導ではＰ波が記録されている．Ⅱ誘導にＰ波が存在しないからといって，安易に「Ｐ波が欠落している（つまり不整脈）」と判断してはならない．この心電図のように，ある誘導にＰ波が描かれていない場合には，必ず残り５種類の誘導でのＰ波の有無を確認しよう．全ての標準肢誘導にＰ波が存在しなければ，初めて「Ｐ波なし（つまり心房筋が電気的に興奮していない)」と判断する.

次に考えられるのは頻脈である．心拍数が著しく増加すると，TP 間隔が著しく短縮して，Ｔ波と次のＰ波が接したり（図 4-11)，あるいはＰ波がＴ波と完全に融合して，Ｐ波が見えなくなることがある．これは心拍数の上昇に伴って PQ，QT および TP の３種類の間隔が短縮することに関連する（これに対して，Ｐ波および QRS 群の持続時間は，心拍数の影響をほとんど受けない)．この３種類の間隔は一様に短縮するのではなく，TP 間隔の短縮が最も著しい.

ここで，これまでにあまり説明しなかった TP 間隔について話を脱線させる.

TP 間隔は心臓が一切の電気的活動を停止している時間帯であるため，この時期を休止期と呼ぶこと，そして波形の振幅（電位）を測定する際の基準線（基線）になることは既に説明済みである．休止期というと，心臓が本当に「お休みモード」に入っていると思うかも知れないが，これはあくまでも電気的な側面から見た場合であって，物理的な活動は休止していない．この TP 間隔の間，心室は次の収縮に向けて拡張期に入っているのである．この拡張に十分な時間が与えられれば，心室は血液を十分に受け取ることができる．加えて，冠動脈への血流はこの拡張期に生じ

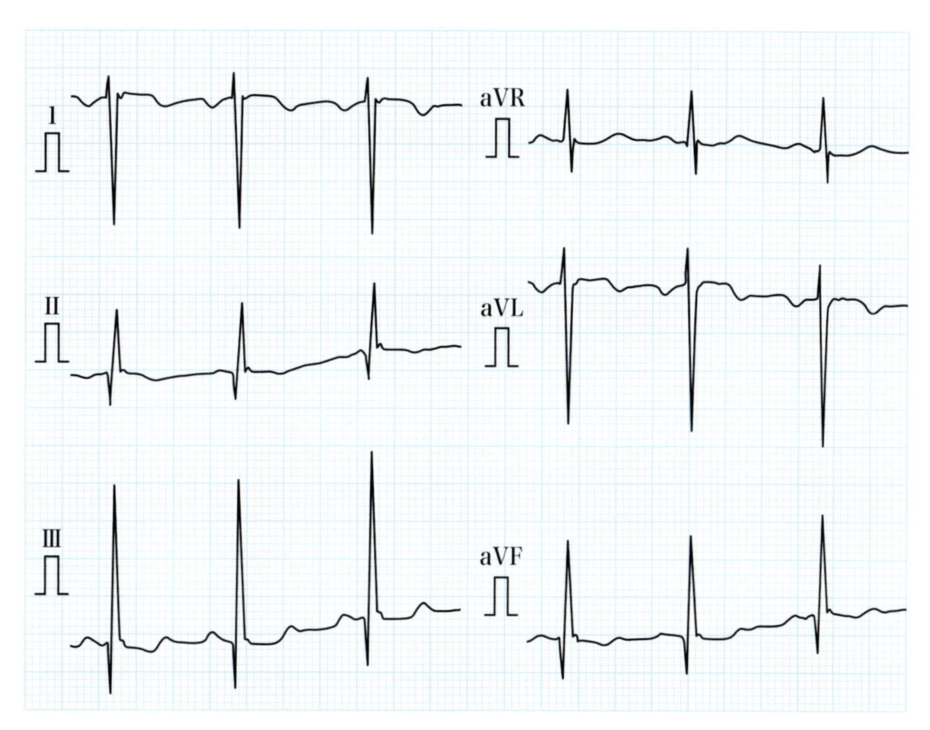

図 4-10　Ⅱ誘導でＰ波が記録されなかったイヌの心電図

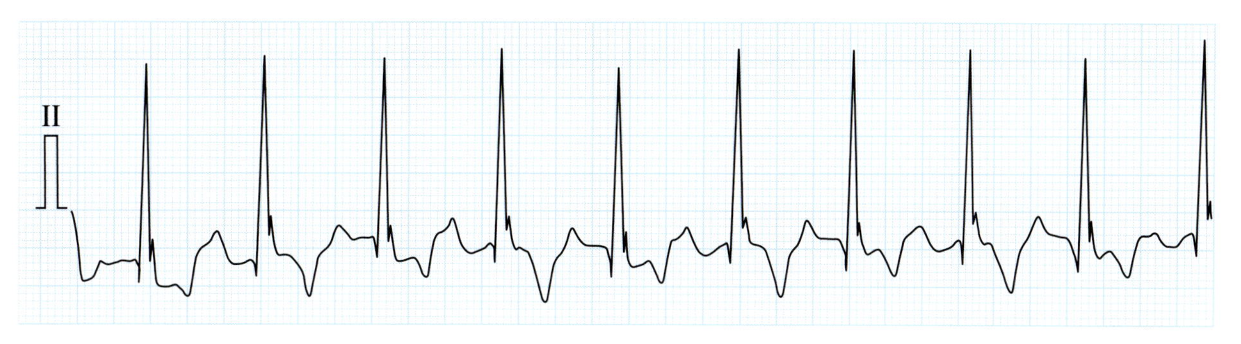

図 4-11　頻脈によりTP 間隔が短縮したため，T 波とＰ波が接するようになったイヌの心電図（Ⅱ誘導）

るので，拡張時間が十分であれば冠動脈血流量も維持され，心筋には十分な栄養が供給される．

心拍数が上昇して TP 間隔が短縮するということは，心室の拡張期の短縮を意味する．ここまで書けばお判りだと思うが，拡張期の短縮が生体に及ぼす影響は大きい．心室は静脈や心房から流れ込む血液を十分に受け取る時間的余裕がなくなるので，心拍出量は低下する．心拍数が高くなると，それに比例して心筋のエネルギー消費量は増大する．しかし，冠血流量は低下しているので，心筋は栄養の供給が低下した状況で通常よりも過酷な仕事を負わされることになる．心電図のことだけを考えれば，TP 間隔の意義はあまり重要でないと考えてしまうかもしれない．しかし，心機能という視点から見ると，TP 間隔の意義は極めて重要である．心臓病を注意深く診察する獣医師は，心雑音や不整脈と同等に心拍数を重要視するが，それはこのような理由からである．

2）心房筋が脱分極していない場合

心房筋が脱分極しないためにＰ波が出現しない状態は不整脈である．不整脈であれば必ずＰ波が欠落するわけではないが，様々な不整脈でＰ波は一過性または持続的に消失する．詳細は別の Part で詳述するが，この一例として心房細動という不整脈を図 7-6a および 7-6b に示した．

これまで心房拡大を中心にＰ波の異常について学習してきた．既に指摘したように，実際の症例では心房だけが単独で拡大することは少なく，心室も同時に拡大することが非常に多い．このため，心房拡大の心電図所見を見た場合には必ず心室拡大の所見があるかどうかをチェックする必要があるし，反対に心室拡大の所見を認めた際には心房拡大をチェックする必要がある．心房拡大はここまでにして，次に心室拡大の心電図所見に進もう．

Part 5 心室拡大の心電図診断

はじめに

心房筋の異常はP波の形状に反映されるのに対し，心室筋のそれはQRS群やT波に反映される．Part 4で解説したように，P波が描かれる過程はQRS群のそれよりも単純なため，心房拡大の診断基準はシンプルだった．これに対してQRS群が描かれるプロセスはP波のそれより複雑である．このため，心室拡大の心電図診断は難しいという印象を持つかも知れない．しかし，心房拡大の場合と同様，以下の点が理解できていれば，それほど難しくないはずである．

- QRS群が描かれる過程
- Q波，R波およびS波の定義
- 各波形の計測法
- 平均電気軸の求め方
- 拡大，肥大および拡張の意味
- 心室拡大は病名ではないこと
- 心室拡大の基準は十分に検証されていないこと
- 心室拡大を検出する感度および特異度は画像診断，特に心エコー図検査のそれよりも劣ること

1 右心室拡大の心電図所見

（1）右心室拡大に伴うQRS群の変化

右心室が拡大すると，右心室筋が脱分極する際の電気的エネルギーが増大するか，あるいは右心室筋全体が脱分極する時間が正常よりも長くなるという2通りの変化が理論的には予想される．

短軸方向で心室の断層像を見ると判るように，右心室はあたかも左心室に付着しているかのような形態を示す．このことは機能面でも同様である．すなわち，心室中隔は機能的には左心室の一部で，左心室と心室中隔の収縮に釣られる形で右心室は収縮する（図5-1）．また，左心室壁と比べると右心室壁の筋肉量は少ない．このことから次の2点に気づかなければならない．

第1に，心電図波形に右心室拡大の所見が出現するためには，右心室は重度に拡大しなければならない点である．心電図波形だけでは軽度から中程度の右心室拡大を見逃すリスクが高いということである．

次に，右心室壁が肥厚したとしても，心室

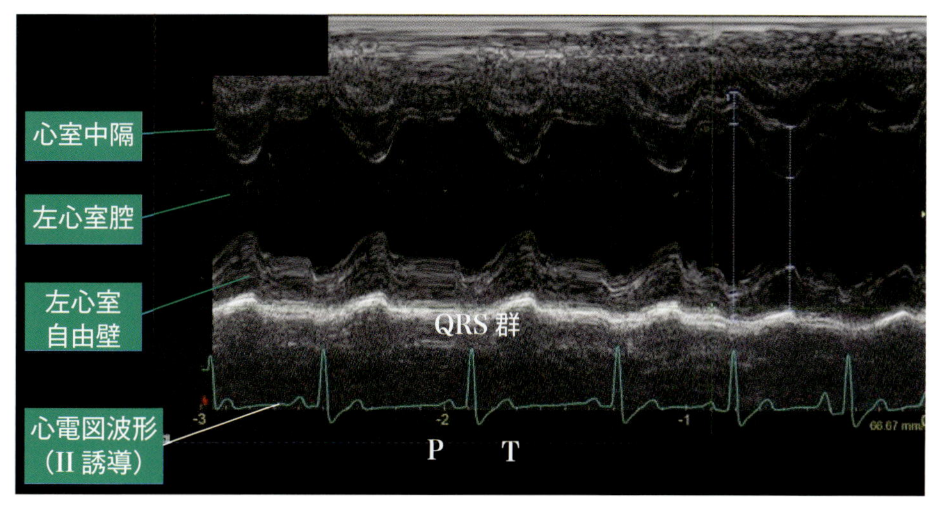

図5-1　左心室のMモード法心エコー図
QRS群が出現してから概ねT波終了までが収縮期である．QRS群の発生と同時に，心室中隔と左心室自由壁は近づくように収縮していることが判る（このPartのコラムも参照）．ちなみに，このQRS群はR波およびS波から構成されている．この心エコー図は，臨床徴候が見られない軽度な僧帽弁閉鎖不全症のイヌから記録した．

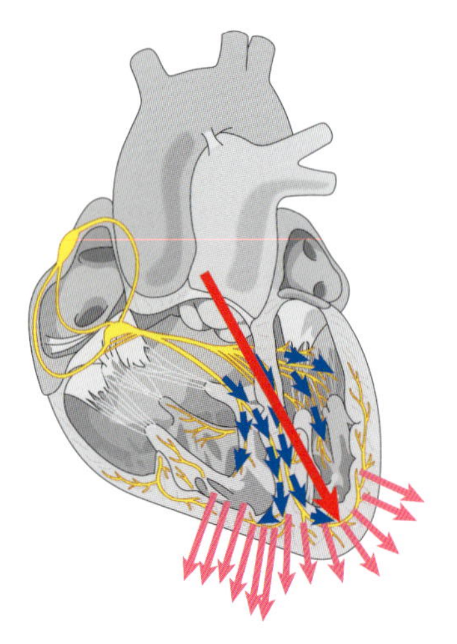

図 5-2　右心室拡大に伴う心電図波形の変化（1）

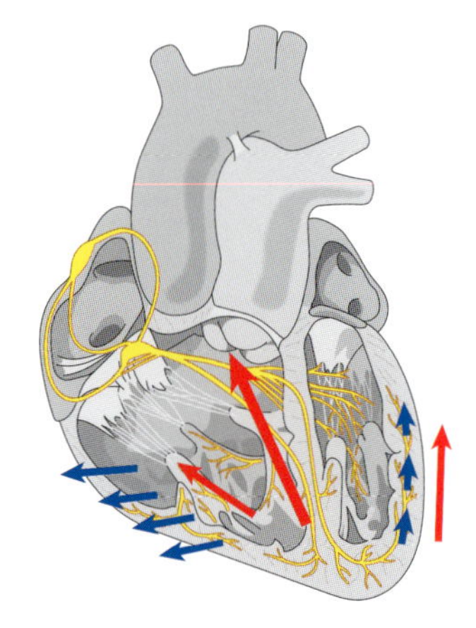

図 5-4　右心室拡大に伴う心電図波形の変化（3）

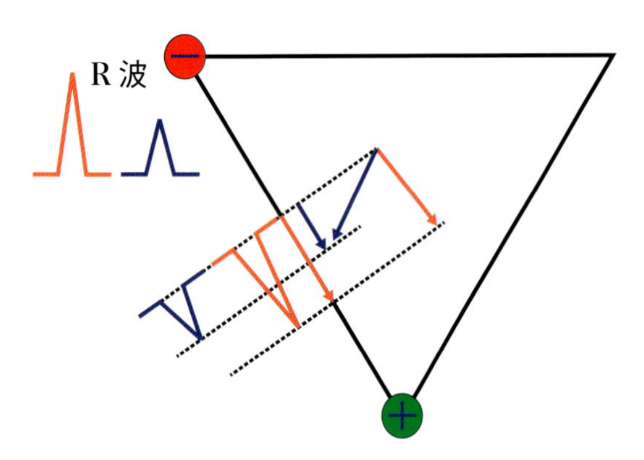

図 5-3　右心室拡大に伴う心電図波形の変化（2）
赤は正常，青色は右心室拡大.

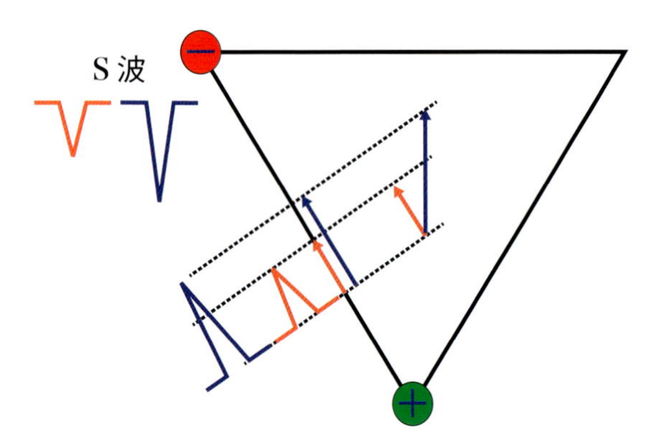

図 5-5　右心室拡大に伴う心電図波形の変化（4）
赤は正常，青色は右心室拡大.

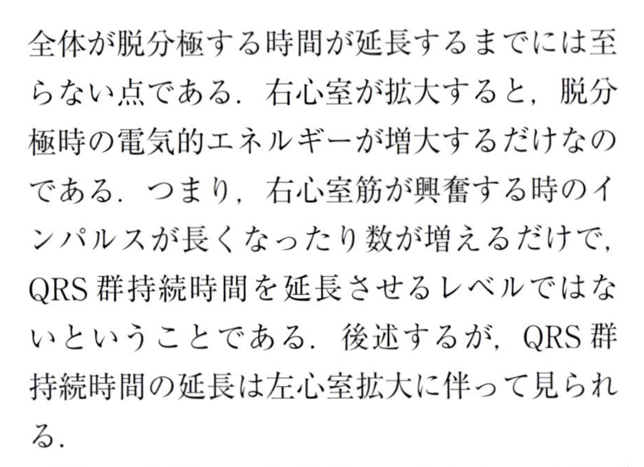

全体が脱分極する時間が延長するまでには至らない点である．右心室が拡大すると，脱分極時の電気的エネルギーが増大するだけなのである．つまり，右心室筋が興奮する時のインパルスが長くなったり数が増えるだけで，QRS 群持続時間を延長させるレベルではないということである．後述するが，QRS 群持続時間の延長は左心室拡大に伴って見られる．

図 5-2 を図 2-21 と比較して頂きたい．無論，図 2-21 は心室筋の脱分極に伴って R 波が生じるプロセス，特に心室中隔下部から心尖部の心室筋が心内膜側から心外膜側に向かって一斉に脱分極しているプロセスを示している．図 5-2 は何らかの原因により右心室が拡大したために，右心室筋が脱分極した際のベクトルがより増加および延長したことを示している．これらのベクトルを全て合計して 1 本に集約すると，そのベクトルは正常時よりも右側（時計回り）に傾き，このためⅡ誘導では R 波は小さく描かれる（図 5-3）．このように，Ⅱ誘導で R 波の振幅が小さくなることが，右心室拡大に伴って見られる第 1 の所見である．しかし，R 波の振幅がいくつ未満になったら右心室拡大と診断できるという基準はない．あくまでも補助的な所見である．

次に S 波の振幅増大についてである．

図 5-4 を図 2-23 と比較してみよう．図 2-23 は S 波が描かれるプロセスを示している．図 5-4 では，右心室拡大に伴って右心室自由壁が脱分極する際に発生するインパルスが増加および延長している．この結果が S 波の振幅増大で（図 5-5），これが右心室拡大に伴う第 2 の心電図所見である．同時に，S 波が描かれる際のベクトルが増加するため，心室筋が脱分極する際のインパルス，つ

まり平均電気軸は参考範囲を超えて右側に移動する（右軸偏位）．これが第3の心電図所見である．これら3点が心電図波形による右心室拡大の診断の基礎である．項を改めて右心室拡大の診断基準を詳しく述べるが，その前にⅡ誘導のQ波について言及しておこう．

Q波は心室中隔の上部の心筋が脱分極した際に発生する．心室中隔は機能的には左心室の一部で，左心室と心室中隔の収縮に釣られる形で右心室は収縮することは既に述べた（コラムも参照）．しかし，右心室が肥大すると，同時に心室中隔も肥大する．この結果がⅡ誘導でのQ波の振幅増大である．心室中隔の肥大は左心室肥大でも認められるが，Q波の振幅増大は左心室拡大の心電図所見には含まれない[i]．このため，Ⅱ誘導でのQ波の振幅が増高していたら右心室拡大，より正確には右心室肥大に伴う心室中隔の肥大を疑うべきである．動物ではQ波の基準は設定されていないが，筆者はⅡ誘導のQ波が0.5mVを超えていたらこの波形の振幅増大と判断するようにしている．

(2) 右心室拡大の診断基準

詳細な専門書では，胸部単極誘導（特に CV_6LU，CV_6LL および V_{10}）のQRS群をも含めて診断基準が設定されている．標準肢誘導だけで右心室拡大を診断するよりも，胸部単極誘導も含めることで診断精度は向上すると考えられる．しかし，既に述べたように胸部単極誘導が臨床現場で記録されることはまずなく，たとえこの誘導で記録したとしても，その信頼性（感度および特異度）は画像診断

---

[i] 筆者にはこの理由が判らない．振幅が増大したQ波の意義については，随分と前に学会で活発に議論されたことがあった．おそらく心エコー図検査が普及したためであろう，現在では，このQ波の意義は全く議論されなくなった．

コラム

心室中隔の奇異性運動

本文でも述べたように，心室中隔は左心室として機能している．図5-1に示したように，心室が収縮期を迎えると，心室中隔は左心室自由壁に近づくように収縮するのが正常である．しかし，右心室圧が上昇すると，心室中隔が反対方向，つまり右心室自由壁に向かって収縮するようになる．この現象を心室中隔の奇異性運動と呼び，心エコー図検査（Mモード法）で確認できる（図A）．右心室が高圧を発生させて収縮するために，心室中隔が右心室として機能するようになった際にこの現象が見られる．

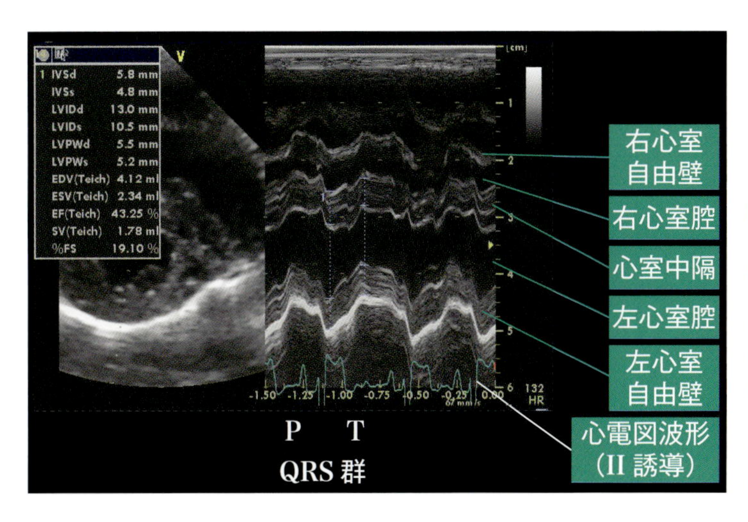

図A　心室中隔の奇異性運動を示すMモード法心エコー図
肺高血圧のイヌから記録．QRS群からT波までの収縮期に，心室中隔は左室自由壁側に移動せず，右心室壁に近づくように収縮していることに注目．この症例では，右心室圧が上昇した原因は肺高血圧だった．ちなみに，肺高血圧は重度な僧帽弁閉鎖不全症に続発したものだった．

表 5-1　右心室拡大の診断基準

Ⅰ誘導の S 波＞ 0.05mV　（イヌ）
Ⅱ誘導の S 波＞ 0.35mV　（イヌ）
R 波が小さくなる場合がある
Ⅰ，Ⅱ，Ⅲおよび aVF 誘導に S 波が存在
平均電気軸　100°を超える（イヌ）

表 5-2　右心室拡大の鑑別リスト

慢性呼吸器疾患
三尖弁閉鎖不全
肺高血圧症
イヌ糸状虫症
心臓腫瘍
肺動脈弁狭窄など

には及ばないことを鑑みて，本書ではあえて標準肢誘導のみによる心室拡大の診断法を解説する．

表 5-1 に示した基準はイヌおよびネコとで一部異なるので，注意が必要である．ネコではイヌよりも基準が少なく，3つしかない．イヌについては5つの基準があるが，これら基準をいくつ満たせば右心室拡大と診断するかについては実は一定した見解がない．このことは，心電図の入門者にしてみれば曖昧に思えるであろう．筆者はこの点に関して以下のように判断している．

1）Ⅱ誘導での R 波の振幅低下および S 波の振幅増大はほぼ確実に見られる
2）5つの基準のうち3以上を満たす場合，ほぼ確実に右心室拡大と診断できる
3）心電図波形から右心室拡大が疑えなくても，他の臨床所見から右心室拡大が疑われる場合には画像検査で確認する

ところで，右心室拡大を確認する上で X 線検査と心エコー図検査とでは，どちらがより信頼できるであろう．

これは一概に答えられない問題だが，X 線検査には心形態だけでなく，心臓を出入りする血管系に加え，呼吸器系の状態も評価できるというメリットがある（表 5-2）．これに対して，右心室拡大を検出する際の感度および特異度はそれほど高くないというデメリットがある．心エコー図検査の場合，X 線検査よりもはるかに右心室拡大を検出する信頼性が高いが，呼吸器系の適切な評価は不可能である．このように，両者の特徴を勘案し症例毎に優先すべき画像診断を考慮すべきである．

2 左心室拡大の心電図所見

（1）左心室拡大に伴う QRS 群の変化

右心室壁の筋肉量は心室全体から見ると相対的に少量であるため，右心室が拡大しても心室全体の脱分極時間が延長するほどの変化は生じないことは既に述べた．これに対して，左心室拡大では QRS 群持続時間の延長が生じる点に注意しよう．

左心室が拡大すると図 2-21 と比較して，左心室自由壁で発生するベクトルの長さおよび数が増す（図 5-6）．これらのベクトルを1つにまとめたベクトルは，正常時よりも長くなるのと同時に，より左側（反時計回り）に傾く（図 5-7）．次に，このベクトルの角度とⅡ誘導の関係が，どのように QRS 群の形状に影響するかを図 5-8 で考えよう．

図 5-8A の平均電位軸は 90°である．この角度が左方に 30°傾いて，Ⅱ誘導と平行になると，ベクトルの長さは図 5-8A と同じでも，R 波の振幅は図 5-8B の方が高くなる．つまり，ベクトルの長さが同じなら，平均電気軸がⅡ誘導と平行に近くなるほど，R 波の波高は高くなる．このことはここまで解説してきた通りである．では，平均電気軸をさらに左側に偏位させると，R 波はどうなるのだろう？

図 5-8C は平均電気軸を 0°としたときに，Ⅱ誘導に R 波が描かれるプロセスを示したものである．図 5-8B および図 5-8C のベクトルの長さが同じであれば，当然のこと R 波は小さくなる．以上のことから，左心室が拡大すると R 波は増高するが，さらに拡大が進行すると R 波の振幅は理論的には小さくなると考えられる．実際の症例ではこのよ

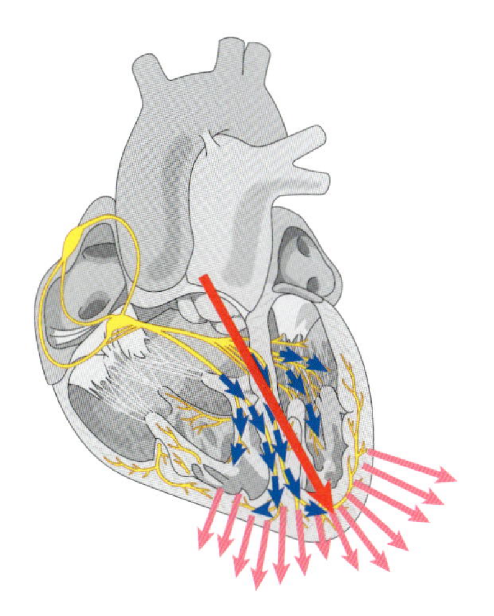

図 5-6　左心室拡大に伴う心電図波形の変化（1）

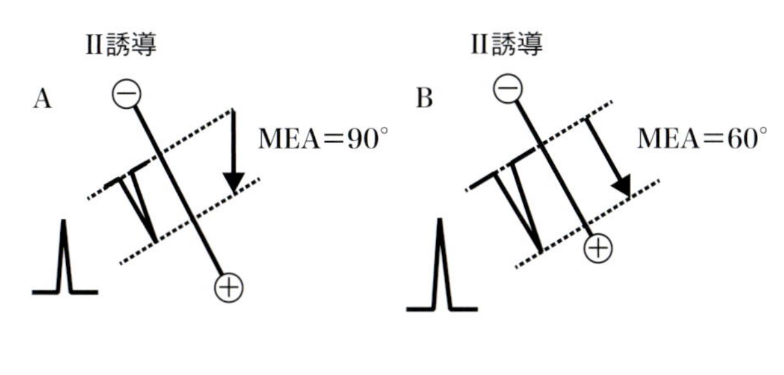

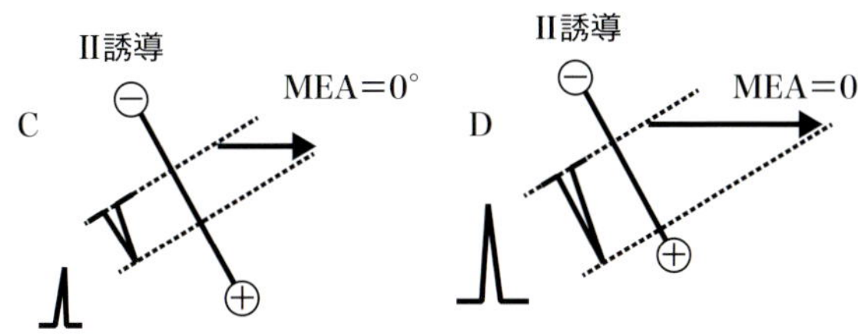

図 5-8　ベクトルの長さおよび方向と心電図波形の関係（MEA：平均電気軸）

うなことが起こるのだろうか？

答えは No！である．

引き続き図 5-8 を使ってその理由を述べよう．

ベクトルが左側へどんどん傾くということは，左心室壁の脱分極時にそれだけ多くのベクトルが発生したということである．ここでいうベクトルとは 1 本 1 本のベクトルの合計なのだから，平均電気軸が左側に傾く以上，同時にベクトルは長くならなければならない（図 5-8D）．図 5-8B および図 5-8C のベクトルの長さは同じと仮定したが，実際の心臓ではそもそもこの前提が成立しないのである．

心電図波形による心拡大の診断は，決して完全ではないことを繰り返し指摘してきた．左心室拡大にしても，R 波の振幅だけを診断

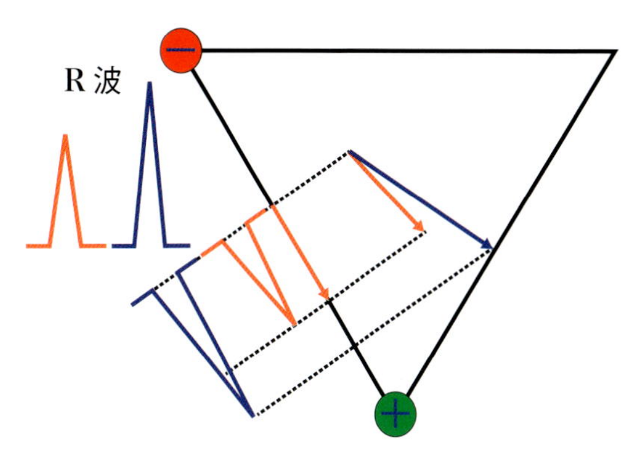

図 5-7　左心室拡大に伴う心電図波形の変化（2）
赤は正常，青色は左心室拡大．

基準にすると，誤診率が上がることは間違いない．左心室拡大では，左心室筋全体の脱分極の完了により長い時間がかかることを考慮すると，左心室拡大の診断基準には QRS 群持続時間の延長も含めるべきである．つまり，R 波振幅増大と QRS 群持続時間の延長の 2 つが左心室拡大の診断ポイントになる．次に，具体的な診断基準を学習しよう．

（2）左心室拡大の診断基準

左心室拡大の診断基準には報告者や年代により若干の差があるものの，ここでは最も広く受け入れられている基準を解説しよう（表 5-3）．

イヌとネコとでは QRS 群の正常な形状が異なるので，左心室拡大の診断基準も異なる．しかし，左心室拡大に伴って QRS 群が変形するプロセスは同じである．このため，どちらの動物種であっても R 波振幅増大および QRS 群持続時間の延長に加えて，ST スラー（または coving）の存在，そしてイヌでは平均電気軸の左軸偏位の 4 点が診断基準に用いられる．この診断基準について，3 点ほど補足しておこう．

最初に，表 3-2 および 4-3 に使用されている「小型犬では…，大型犬では…」という表現である．そもそも「大きい」とか「小さい」という表現は，臨床診断の基準としては判りにくい．様々な犬種の解説書では「この犬種は大型犬で，こちらは小型犬」と分類しているが，どの心電図のテキストを見ても，この

表 5-3　左心室拡大の診断基準

1. R 波の振幅が増大する
2. QRS 持続時間が延長する 顕著な延長（イヌ >0.07, ネコ >0.06 秒） は脚ブロックを示す
3. ST スラーが見られる
4. 平均電気軸が左軸に偏位する（イヌ）
5. Q 波の振幅が増大する場合がある

ような分類に沿って，心拡大の診断基準を設定しているように思えない．ビーグルを小型犬とはいわないだろうが，大型犬とも思えない．むしろ中型犬と呼ぶのが適切であろう．このように，小型犬とか大型犬という表現を深く考えるときりがない．この点に関して，筆者は，ある程度は曖昧でもよいと考えている．なぜなら，表 5-3 を見てもお判りのように，小型犬および大型犬での左心室拡大の診断基準には，それほど顕著な差がないからである．加えて，左心室拡大を心電図波形から診断することにそもそも限界があるわけだから，小型犬および大型犬を厳密に区別してもあまり意味はなかろう．したがって，我々が表 5-3 の基準に従って心電図波形を評価する際，小型犬と大型犬の区別に神経質になる必要はないであろう．

次に ST スラー（または coving）である．ST 分節とは QRS 群の終わりから T 波の始まりまでの区間である．正常な ST 分節は QRS 群の終了と同時に基線（TP 間隔）に沿って走行し，それから T 波に移行する．つまり，ST 分節には基線と平行な直線が描かれるのが正常である．ところが，ST 分節が QRS 群の終わりから直接 T 波になだらかに流れ込むことがある．これを ST スラー（slur）と呼ぶ（図 3-9）[ii]．左心室が拡大すると ST スラーが見られるのは，QRS 群の最大波（左心室拡大では R 波）と反対方向に ST 分節が変位するためと説明されている．

なお，ST coving という言葉があるが，一部の成書は ST スラーと同じ意味で使用しているようだが，正しくは ST 分節の盆状のくぼみを示す．

この ST スラーおよび ST coving はどちらも左心室拡大に伴って認められる所見である．最後に，表 5-3 の基準をいくつ満たせば左心室拡大と診断できるか，という問題を考えよう．

この点については右心室拡大と同様，実はどのテキストも明言を避けている．あるテキストでは，「たとえ右心室拡大や左心室拡大の基準がいくつかあっても，心電図波形にそのうちの 1 つだけでも現れていれば心室拡大と診断してよい．問題になる全ての基準を満足する必要はない」と記載されている．筆者も同感である．しかしその反面で，該当する基準が多ければ多いほど，左心室拡大の診断は確実性を増すとも思える．要約すると，基準を 1 つだけしか満足していない場合，左心室拡大を疑って画像診断を実施し，心形態を評価した方がよい．これに対して，R 波の増高および QRS 群持続時間の延長の両方が認められれば，左心室は拡大していることが多い．

(3) 左心室拡大の原因

心電図波形から左心室拡大と診断したら，その原因疾患（表 5-4）を捜さなければならない．

身体検査や画像診断の所見を慎重に分析しながら，原因を絞り込む．そうすることで，効率よく原因疾患を見つけることができる．原因疾患を絞り込む際は，主観にとらわれずに客観的な視点を持つよう心がけよう．しかし，ちょっとしたコツがあるのも事実である．

その 1 つに症例の年齢と各疾患の発生頻度がある．例えば，僧帽弁閉鎖不全症はイヌでは一般的な心臓病である．中年期以降のイヌに左心室拡大が見られたら，最初に疑うべき疾患は僧帽弁閉鎖不全症であって，動脈管開

ii) この言葉は小学生の時の音楽の授業で習った覚えがあるかも知れない．英語としては「早口で不明瞭にいう」,「(2 つの音節を続けて) 1 つに発音する」，あるいは「ごまかす・見逃す」などの意味がある．

表 5-4　左心室拡大の鑑別リスト

左心室拡大の鑑別リスト
僧帽弁閉鎖不全症
大動脈弁閉鎖不全
拡張型心筋症
肥大型心筋症
動脈管開存症
大動脈弁狭窄
心室中隔欠損　など

表 5-5　両心室拡大の診断基準

両心室拡大の診断基準
右心室・左心室の拡大所見が同時に出現
・QRS 持続時間の延長
・R 波は平低～正常～増高
・S 波の増高
・ST スラー

存症を代表とする先天性心臓病ではない．しかし，同じ所見が幼若なイヌで見られたら，僧帽弁閉鎖不全症ではなく先天性心臓病をまずは疑うべきである．ちなみに，イヌの先天性心臓病の発生頻度は報告により若干の差はあるが，動脈管開存症，肺動脈弁狭窄および大動脈弁狭窄の発生が最も多いのに対し，心室中隔欠損やファロー四徴症の発生は少ない．大動脈弁狭窄は小型犬よりも大型犬で多発する傾向がある．拡張型心筋症も大型犬で多発する傾向があるが，ネコではまれである．これに対して肥大型心筋症はネコに多発傾向がある．このように，各心臓病の特徴，特に発生傾向を把握しておくと，より正確に，より迅速に診断に到達できることが多い．

3 両心室拡大

実際の症例では，両心室が拡大することはそれほど珍しいことではない．両心房が拡大すると，心電図波形にはそれぞれの特徴が同時に出現することは既に解説した．これと同じように，両心室が拡大すると心電図波形には両者の拡大所見が同時に出現する（表 5-5）．

また，Ⅱ誘導の R 波の振幅についても注意が必要である．R 波の振幅は左心室拡大では増高し，右心室拡大では減高する．すなわち，両心室のうちどちらの拡大がより重度かによって，R 波の振幅は異なる．

要約すると，両心室拡大では QRS 群持続時間の延長，Q 波の増高，そして ST スラーが認められる．これに付随して P 波は両心房拡大パターンを示すことが多いが，それは両心室が拡大する疾患では，同時に心房拡大を来すことが多いからである．両心室拡大は僧帽弁および三尖弁閉鎖不全症（両房室弁閉鎖不全症），短絡方向が逆転した動脈管開存症，各種心筋症（特に拡張型）で認められる．

Part 6 生理的不整脈

このPartでは生理的不整脈と呼ばれる不整脈について解説するが，その前に不整脈に関する重要事項を整理しておこう．

1 不整脈とは

不整脈は「整っていない脈」と読める．このため，不整脈の意味を漢字から理解しようとすると，「心拍動が不規則な状態」を連想するかも知れないが，これは間違いである．無論，不規則な心拍動は全て不整脈の範疇に入るが，心拍動が規則的でも不整脈の基準に合致する場合があるからだ．

健康なイヌの洞結節の内因性刺激生成頻度は心拍数の参考範囲と一致し，70～160回/分である（表2-1）．あるイヌの心電図検査を実施し，心拍数が162回/分だったとしよう．心電図学は数字に厳しい．参考範囲をたかだか2回/分だけ上回っただけでも，そして心拍動が規則的であっても異常と判断するのだ．具体的には洞頻脈という不整脈と診断するのだが，このことは後述する．

2 不整脈の分類

(1) 発生機序による分類

不整脈には規則的な心拍動も含まれる場合があることを理解するために，最初に発生機序による不整脈の分類を解説しよう．具体的には不整脈は，インパルスの

- 生成頻度またはリズムの異常
- 生成部位の異常
- 伝導異常

の3種類に分類される．

インパルス生成の異常とは，洞結節でのインパルスの生成頻度が参考範囲を逸脱している状態に加え，洞結節でのインパルスの生成が不規則な状態を示す．前項で述べた，心拍動は規則的で，心拍数は162回/分だったという例が前者に該当する．刺激を生成している部位は洞結節で，これ自体は正常だが，インパルス生成が異常な場合，たとえ心拍動が規則的でも異常（つまり不整脈）と見なすのである．後者の場合，不規則に生成されたインパルスが心調律を支配するため，心拍動が不規則になる．

インパルスの生成部位の異常とは，洞結節以外の部位でインパルスが生成され，このインパルスが心臓を拍動させている状態のことである．表2-1を見ると，洞結節ほど高頻度ではないが，洞結節以外の部位もインパルスを生成できることが示されている．これらの部位が何らかの原因によりインパルスを生成すれば，それは不整脈に含まれる．なお繰り返しになるが，洞結節以外の部位がインパルスを規則的に生成することもあり，この場合には心拍動も規則的になる．このような状態も不整脈に含まれる．

インパルスの伝導異常とは，例えば房室ブロックといって，房室結節でのインパルス伝導時間が正常よりも遅延した場合，あるいはインパルスの伝導が完全に遮断される場合などが含まれる．副伝導路といって，健康な心臓には存在しない房室間の刺激伝導路を介してインパルスが心房から心室に伝導している場合も，この伝導障害に含まれる．

(2) 心拍数による分類

心拍動の規則性に関わらず，不整脈は心拍数によって分類されることがある．具体的に

は，徐脈および頻脈（頻拍）を特徴とする不整脈を，それぞれ徐脈性不整脈および頻脈性不整脈と呼ぶ[i]．

徐脈性不整脈では心拍出量が減少するため，運動不耐性，虚弱，低血圧，失神などの臨床徴候が出現しうる．また，心拍数が低下すると心室の拡張期が顕著に延長する．つまり，心室内に血液が貯留する時間が延長するため，これが刺激（より正確には容量負荷の増大）となって心室が拡張することがある．これに伴い僧帽弁輪部が変形したり，乳頭筋が異常な位置に移動し，僧帽弁逆流が発生することもある（コラム１参照）．

頻脈性不整脈では，拡張期が短縮して心拍出量が低下する．このため，頻脈性不整脈では徐脈性不整脈と同様の臨床徴候が見られる．心室は拡張しないが，頻拍に伴い拡張型心筋症と類似する頻拍誘発性心筋症が続発することがある．

[i] 心拍数が上昇した状態を頻脈または頻拍という．英語ではいずれも tachycardia と表記するが，日本語では両者の意味は異なるので注意しよう．頻脈は運動，興奮，発熱，貧血などに伴って生じた反応性の心拍数上昇のことで，もっぱら洞頻脈を指す．これに対して，頻拍は病的に生じた心拍数の上昇を意味する．

（3）治療の必要性の有無による分類

この分類では，不整脈を生理的不整脈および病的（非生理的）不整脈に分ける．

例えばくしゃみや排泄を我々は生理現象と呼ぶ．無論，生理現象は健康な動物にも見られる正常な現象である．生理的不整脈も全く同じで，健康なイヌであっても，様々な不整脈が発生する．これらの不整脈はあくまでも生理的なものであり，血行動態を障害したり，動物の生命予後に悪影響を及ぼすことはない．このため，生理的不整脈は治療しない，より正確には治療すべきでない不整脈ということになる．

病的不整脈とは生理的不整脈と反対で，健康な動物には発生しない不整脈のことだが，これには注意が必要である．

病的不整脈と表現すると，「厳密なモニタや治療を必要とする状態」を連想するかも知

コラム１

徐脈性不整脈により左心系が高度に拡大したと考えられたイヌの１例

症例は８歳，避妊済み雌のチワワである．かかりつけ医にててんかんと診断され，抗てんかん薬の投与を開始したが，発作が全く改善しないため，本学動物医療センター脳神経科を受診したところ，発作はてんかんでなく，心臓病による失神と仮判断され，循環器科に転科した．

転科時の身体検査では，心拍数の低下（55～60 回 / 分）が見られ，心調律は不規則だった．また，僧帽弁口部を最強点とする Levine1/6 の収縮期逆流性雑音が聴取された．胸部Ｘ線検査では，左心系を中心とする高度な心拡大が認められた（図 A および B）．心エコー図検査でも高度な左心拡大が確認された（図 C および D）．しかし，僧帽弁弁尖の肥厚（粘液腫様変性）は非常に軽度で（図 E），僧帽弁逆流もまた非常に軽度であった（図 F）．心電図検査により第３度房室ブロックという徐脈性不整脈が確認された．

この症例の僧帽弁閉鎖不全症は非常に軽度なため，これが高度な心拡大の原因とは考えられなかった．また，僧帽弁閉鎖不全症以外に左心拡大の原因となる疾患は全て否定された．この症例は第３度房室ブロックに罹患していることを考慮すると，高度な心拡大の原因はこの徐脈性不整脈だと考えられた．

なお，失神の原因は第３度房室ブロックと判断した．ペースメーカの設置を家族に提案したが，コストの問題があり徐放性 dl- イソプレナリン塩酸塩という薬剤により内科療法を実施することになった．その後，失神の頻度は明らかに低下したが，当科初診約３年後に突然死した．

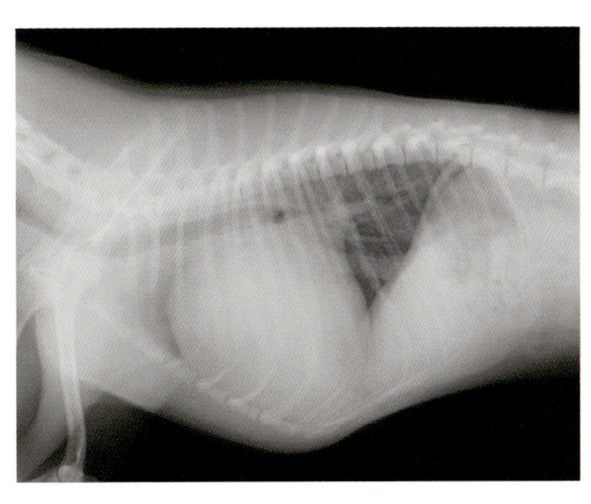

図 A　症例の胸部 X 線写真（側面像）

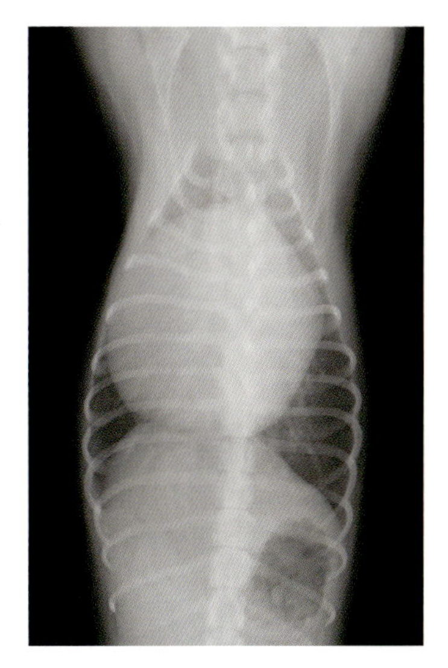

図 B　症例の胸部 X 線写真（背腹像）

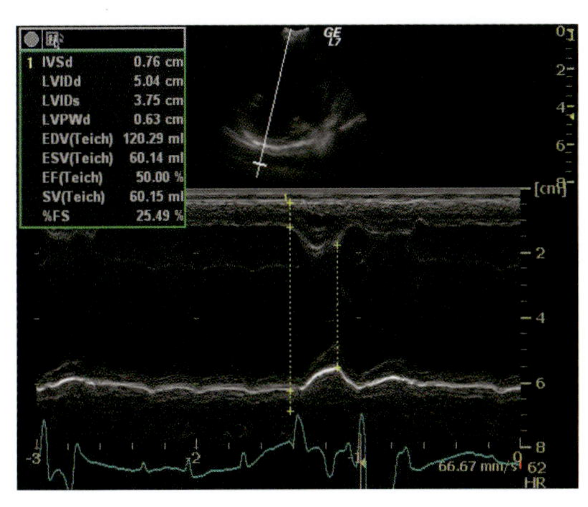

図 C　症例の心エコー図（M モード法）
拡張期左心室内径は 3.75cm と参考範囲（1.00 ～ 1.25cm）を大幅に上回っていた．なお，収縮力の軽度な低下も認められた．

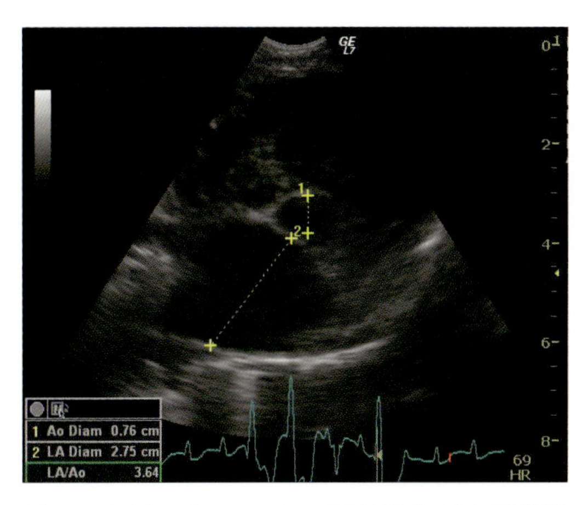

図 D　症例の心エコー図（右側傍胸骨心基部短軸像）
左心室内径と同様，左房内径（2.75cm）は参考範囲（1.05 ～ 1.40cm）を大幅に超えていた．

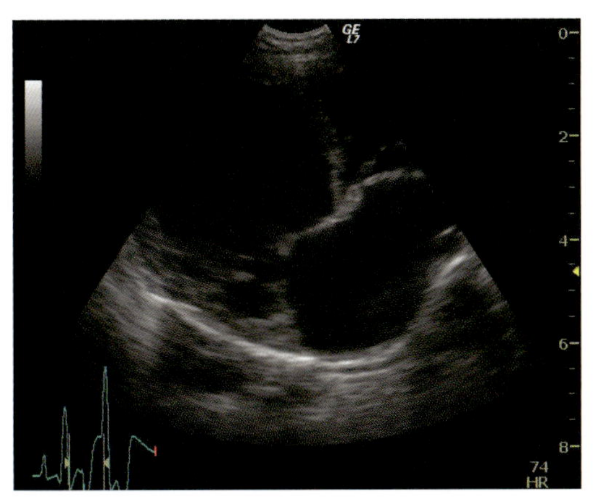

図 E　症例の心エコー図（右側傍胸骨左心室長軸像）
僧帽弁前尖の先端に軽度の肥厚が見られ，これは僧帽弁の粘液腫様変性を示唆している．

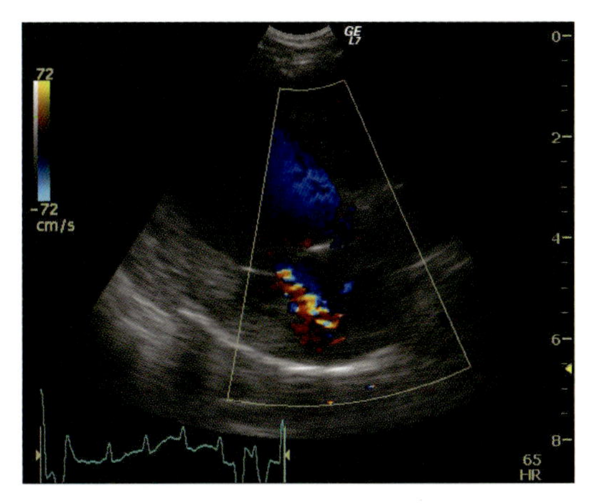

図 F　症例の心エコー図（カラー・ドプラ法，右側傍胸骨左心室長軸像）
収縮期に僧帽弁から左房内にかけてモザイク・シグナルが見られ，これは僧帽弁逆流を示す．僧帽弁弁尖の肥厚は軽度だったことに加え，このシグナルの幅は狭く，左房内の狭い範囲内に広がっていることから，僧帽弁逆流は軽度と判定できる．

れない．病的不整脈は，あくまでも健康な動物では発生しないが，必ずしも血行動態を悪化させたり，突然死の原因になるとは限らない．

すなわち，病的不整脈には本当の意味での病的，つまり治療する必要のある不整脈，そして健康な動物では見られないが，血行動態にも予後にも影響しないため，治療を必要としない不整脈にさらに分類されるのだ．

この分類法にはいくつか欠点があるだろうが，治療の必要性の判断は臨床的には非常に重要であり，このため筆者は心電図学の初学者はまずこの分類法を理解すべきだと考えている．このため，本書では不整脈をこの基準で分類しながら解説することにした．

3 不整脈を検出する前に

(1) きれいな心電図を記録する

不整脈を診断するためには，まず記録した心電図に不整脈が存在することに気づかなければならない．不整脈を検出するためには，きれいな心電図を記録する必要がある．きれいな心電図とは，筋電図（図 6-1 および 6-2）や交流（図 6-3）といったアーチファクトが混入していない心電図ということである（コラム 2 も参照）．

不整脈の診断には，必ずしも標準肢誘導を全て記録する必要はなく，特にイヌでは多くの場合，Ⅱ誘導のみで診断できることが多い．その理由は，6 種類の誘導のうちⅡ誘導で最も大きく波形が描かれることが大部分だからである．多くの成書がⅡ誘導心電図のみで不整脈を解説しているのはこのためである．これに対して，ネコの心電図波形はたとえⅡ誘導であっても小さいことが多い．すなわち，図 6-4 に示したように，Ⅱ誘導以外の心電図波形が診断の決め手になることもあるので，ネコでは可能な限り標準肢誘導を記録すべきである．

また，心電図の記録時間が長い程，不整脈を検出しやすくなり，診断精度も向上する．具体的な記録時間は示されていないが，自動解析心電計を使うのであれば，30 秒モードを最低でも 3 回は記録する必要があるであろう．

(2) 刺激伝導系と各波の関係を理解する

洞結節→結節間伝導路→房室結節とインパルスが伝導する過程で心房筋が興奮して，P 波が描かれること，そして房室結節→ヒス束→右脚・左脚→プルキンエ線維へとインパルスが伝導する過程で心室筋が興奮して QRS 群が描かれるという 2 つの重要な点は忘れてはならない．

(3) P-QRS-T 波を識別する

次に大切なことは，どれが P 波で，どれが QRS-T 波かを確認することである．初学者にとって，これは実は意外と難しい作業だと個人的には感じている．しかし，以下のルールに従えば，大部分の症例で問題なく各波形を識別できるはずである（無論，例外はある）：

・振幅が最も大きく，尖った形をしている波形が QRS 群
・QRS 群の直後には必ず T 波が出現し，QT 間隔は通常は一定
・QRS 群でも T 波でもない波形が P 波

ある種の不整脈では，QRS 群が丸みを帯

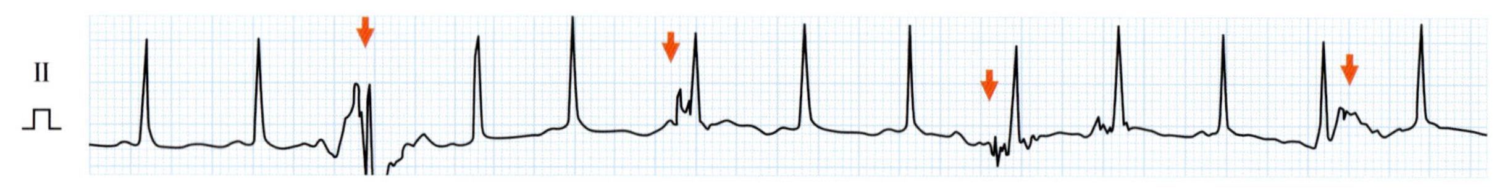

図 6-1　筋電図（↓）が混入したⅡ誘導心電図波形（イヌ）
アイントーベン三角から類推すると，右前肢（赤）または左後肢（緑）の動きが原因だと思われる．筋電図が本来の心電図波形に混入すると，この例のように不整脈に見えることが多いことに注目（縮小して掲載）．

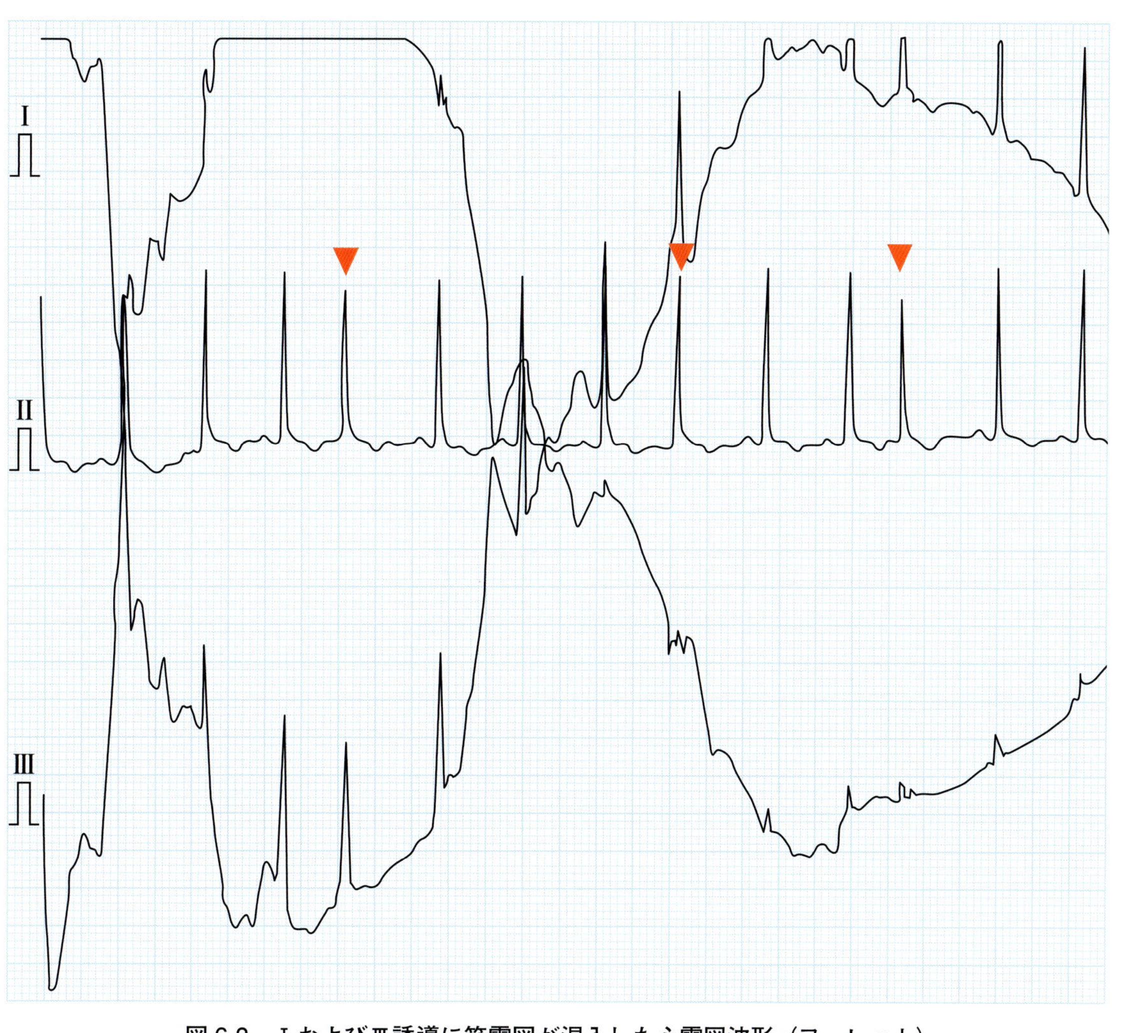

図 6-2　Ⅰおよび Ⅲ 誘導に筋電図が混入した心電図波形（フェレット）
上からⅠ，Ⅱおよび Ⅲ 誘導．心電図記録中に左前肢を動かしたため，Ⅰおよび Ⅲ 誘導に筋電図が混入し，基線が激しく動揺している．Ⅱ誘導には筋電図は混入していない．▼で示したように，Ⅱ誘導を見ると不整脈が発生していることが判るが，Ⅰおよび Ⅲ 誘導では不整脈の有無は判読できない．

びた歪んだ形状を示すが，振幅が最大であることに変わりはない．また心拍数が非常に速い場合，T 波とそれ続く P 波が重合するため，P 波が確認できないことがある．このような場合，抗不整脈薬などで心拍数を低下させ，改めて心電図検査を実施して診断する．

4 不整脈の有無を確認する

不整脈を検出および診断する際には，以下に述べる 6 個のチェック・ポイントを評価すればよい．これらの項目を丸暗記する必要はないであろう．自分で何回か繰り返して心電図を解析すれば，これらのステップは自然と頭に入るはずである．

なお，下記のステップは必ず記録した心電図波形の全てに目を通しながらチェックすることが重要である．これは不整脈を見逃さないための基本である．

(1) ステップ 1：心拍数を評価する

不整脈診断では心拍数は非常に重要である．できるだけ正確に測定すべきだが，最低でも「遅い・普通・速い」は常に判断する．また，心拍数が非常に速い場合，動物の動脈を触診し，脈質を必ず評価しなければならないが，それは心拍数の高度な上昇により，血圧が低下する場合があるからである．また，心拍数が突然上昇または低下することがある

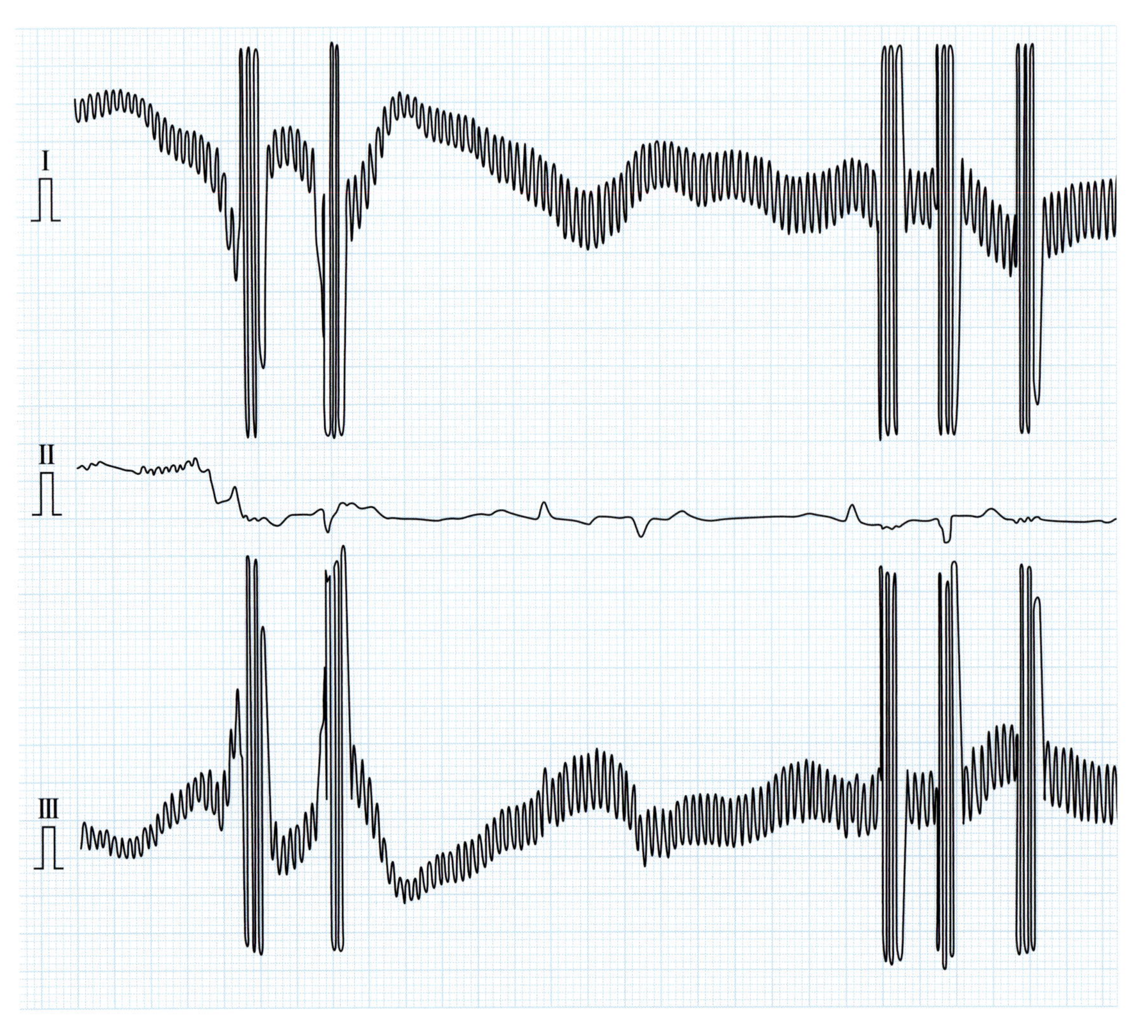

図 6-3　I およびⅢ誘導に交流が混入した心電図波形（ネコ）
上からI，ⅡおよびⅢ誘導．左前肢の電極（黄色）に接点不良があり，これが原因でIおよびⅢ誘導に細かな鋸歯状の波形が多数混入している．

が，これは発作性の不整脈を示す．

いずれに場合においても，心拍数が非常に遅いまたは速い場合には，運動不耐性や失神などの病歴に加え，血圧を必ず評価すべきである．心拍数の評価法はPart 3で既に述べた．

(2) ステップ2：調律を評価する

RR間隔またはPP間隔が一定かどうかを調べる．この評価にデバイダーを使用することもあるが（図3-4），直ちに判断しなければならない状況では肉眼で評価してもよい．

調律が不規則であれば何らかの不整脈が必ず存在する．これに対して，調律が規則的であっても，不整脈を否定できないことは既に述べた．

(3) ステップ3：P波を評価する

P波については2つの点を評価する．

まずP波の有無である．正常ではP波は必ず存在する．誘導によっては，正常でもP波が平坦で見にくい場合があるが，一般にⅡ誘導のP波が最も大きく描かれる．既に述べたように，心拍数が上昇するとT波とこれに続くP波が接近または重合して，P波が見にくくなったり，あたかもP波が出現していないように見えることがある．

またP波の形状も評価しなければならない．正常では，Ⅱ誘導のP波は陽性で，丸みのある波形である．ある種の不整脈ではP波が陰性になったり，形状が不揃いになることがある．

(4) ステップ4：QRS群の形状および持続時間を評価する

正常なQRS群は鋭く，その振幅はP波やT波と比べて明らかに大きい．P波と同様，QRS群についても形状が揃っているかどうかを評価する．また，QRS群持続時間も合わせて確認する．

(5) ステップ5：P波とQRS群の関係を評価する

P波とQRS群が1：1の関係にあるかどうかをチェックする．正常では，P波が1つ出現したら，それに引き続いてQRS群が1つ出現する．また，PQ間隔が正常範囲内に入っているか，あるいは一定なのかどうかも確認する（PQ間隔の参考範囲は表3-2参照）．TP間隔ほどではないが，PQ間隔も心拍数の影響を受けることに注意しよう．なお，以上の5種類の評価ポイントを今後，本書では5つのステップと呼ぶことにする．

(6) ステップ6：不整脈が存在すれば診断を下す

以上の5つのステップに1つでも異常があれば，不整脈と判断する．

どのような不整脈かと判断する上でも，5つのステップは大いに役立つ．しかし，不整脈診断はこれで終わりではない．次に「治療

コラム2

これって，しゃっくりが原因？

軽度な僧帽弁閉鎖不全症に罹患したシー・ズーが定期検診のために来院した．聴診では，心調律は不規則だった．このため心電図検査を実施したところ，図に示す心電図波形が得られた．よく見ると，P波より振幅が小さい鋸歯状の波形が数個連続して発生している（当該波形を赤丸で囲んだ）．1つ目はP波付近に，2つ目はT波終了直後，そして3つ目はTP間隔に出現しており，どうやら心臓の電気的活動とは無関係と思われた．無論，筋電図の混入も疑わなければならないが，この症例はとても穏やかに検査を受けてくれたので，筋電図が混入する余地はなかったと思えた．数カ月後，たまたま職場でアメリカの獣医心臓病専門医の先生が講演されることになったので，思い切ってその先生に質問した．この心電図をご覧になった途端にニヤリとされ，「たぶん“しゃっくり”でしょう」とのお返事．しゃっくりは横隔膜の痙攣なので，筋電図として心電図波形に混入しても不思議はないと納得した．筋電図の原因というと，四肢ばかり目が向いていた筆者は大いに反省した．

（縮小して掲載）

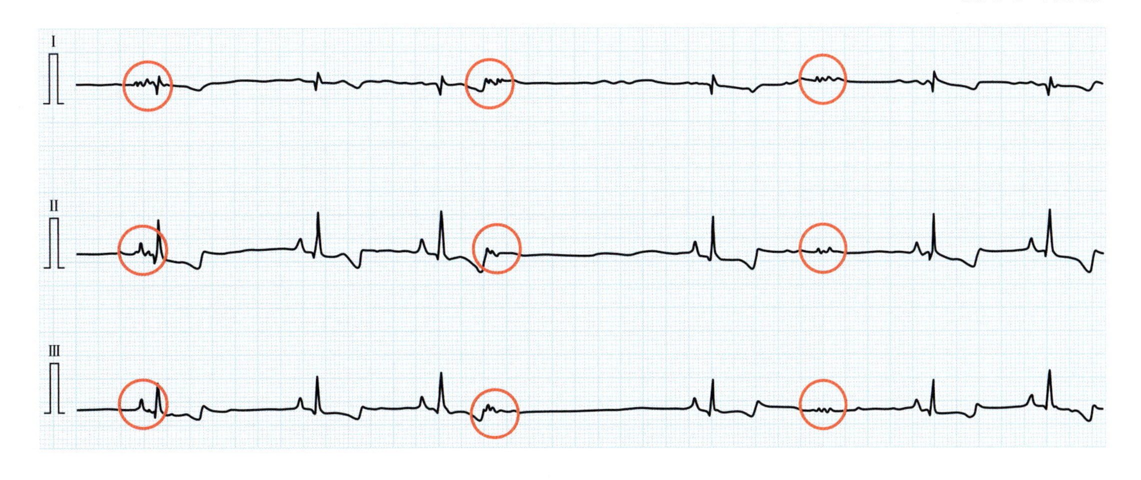

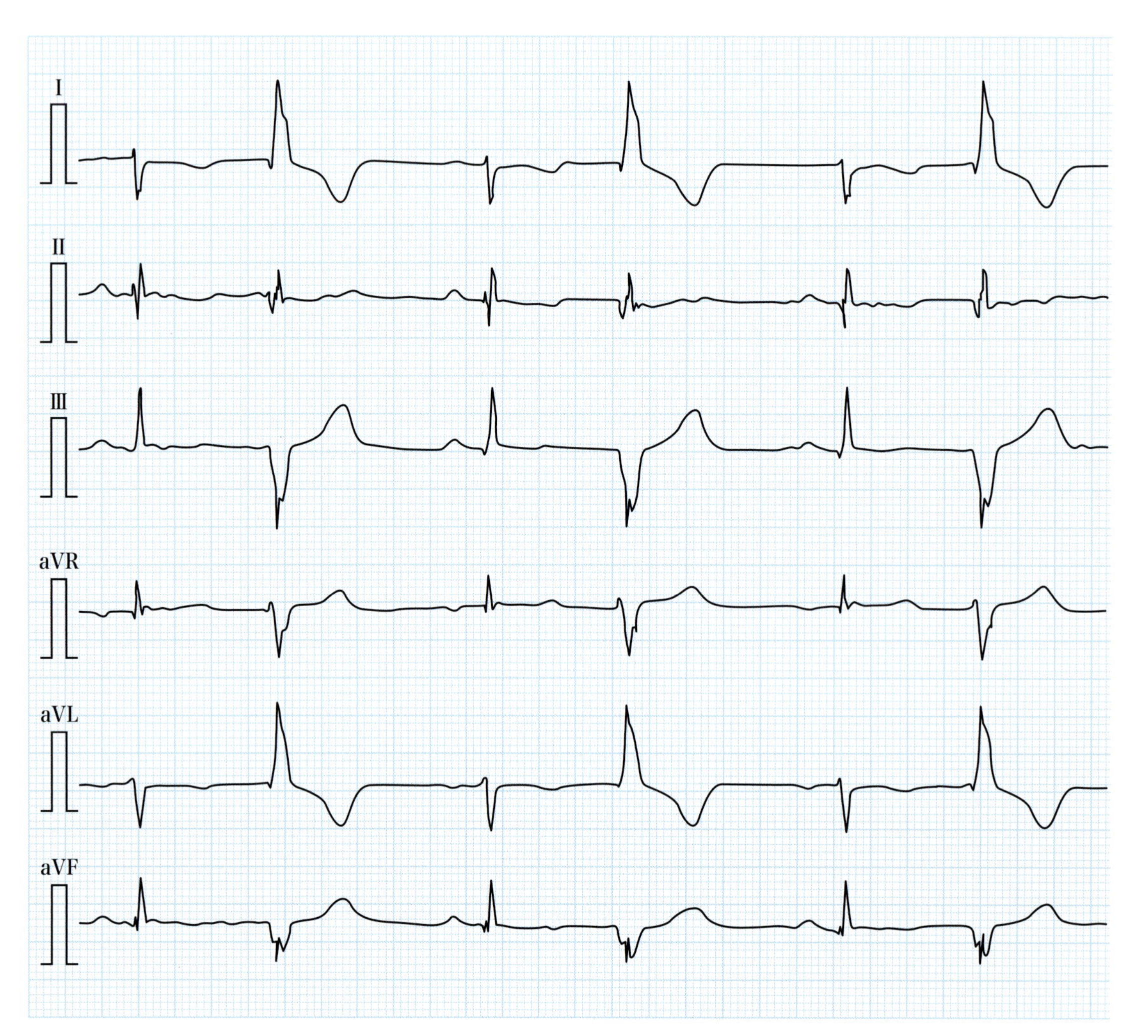

図 6-4　Ⅱ誘導以外の心電図波形で不整脈を診断できた例（ネコ）

上からⅠ，Ⅱ，Ⅲ，aVR，aVL および aVF 誘導．Ⅱ誘導の心電図波形が小さく，2 種類の形状の QRS 群が交互に発生していることは判るが，どのような不整脈が発生しているかは，この誘導だけでは診断できなかった．Ⅱ誘導以外の心電図波形を見ると，心室期外収縮という不整脈が発生していることが判った．この不整脈については，次の Part7 で解説する．

する･しない」の判断をしなければならない．実は，これは非常に難しい作業である（後述）．以下にイヌまたはネコの代表的不整脈を生理的および病的に分類して解説する．

（7）正常洞調律

5 つのステップに全く異常が見られなければ正常洞調律と判断する．その一例を図 6-5 に示した．心拍数は 115 回 / 分である．疾患の有無に関わらず，心電図検査中に動物は安静でない場合が多く，このため心拍数は上昇傾向を示す．このため，臨床現場ではこの正常洞調律よりも後述する洞頻脈を見る機会の方が多いかも知れない．

正常洞調律に関して注意を促したいのは，正常洞調律は心筋の電気的な興奮プロセスが正常であることを示している，ということである．つまり，正常洞調律であっても心臓の収縮力が低下していたり，僧帽弁逆流が存在する場合がある．正常洞調律が確認されたからといって，心機能が正常である，あるいは心臓病は存在しないとは判断できないことに留意しよう．

5 生理的不整脈

（1）洞頻脈

名称が「洞～」で始まる不整脈では，洞結節で生成されたインパルスが刺激伝導系を正

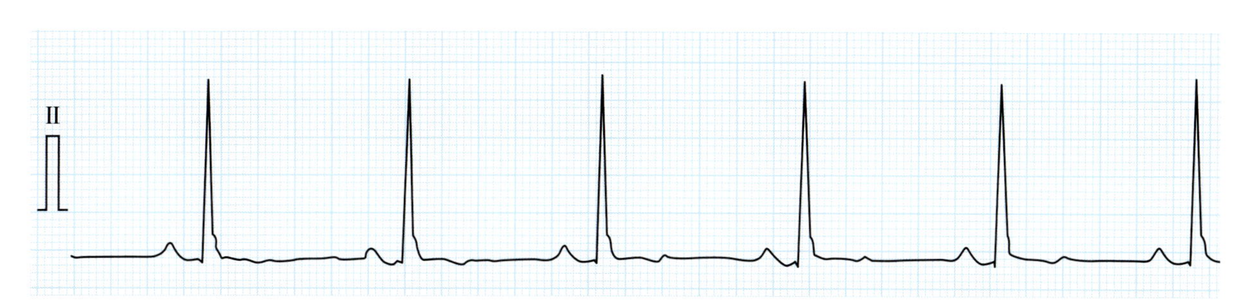

図 6-5　正常洞調律（Ⅱ誘導，イヌ）

詳細は本文参照．心電図波形の左側の細長い波形は較正波と呼ぶ．この波形の高さは 1mV を示す．通常，心電図波形は 1mV ＝ 10mm という条件で記録されるが，心電図波形が大きすぎたり，小さい場合にこの条件が変更されることがある．

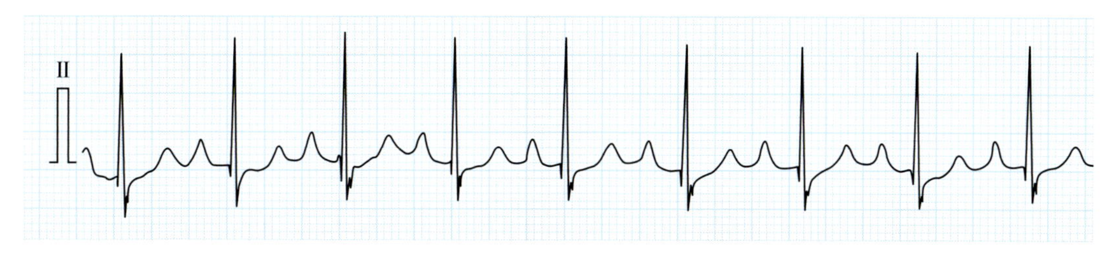

図 6-6　洞頻脈（Ⅱ誘導，イヌ）

常に伝導し，心臓を正常に興奮させている．つまり，「洞～」という不整脈では，洞結節でのインパルスの作り方，すなわちインパルスの生成頻度および生成リズムに異常がある．

洞頻脈では，洞結節でのインパルス生成頻度が参考範囲を上回るため，心拍数も参考範囲を超える．興奮やストレスに伴って発生するため，イヌおよびネコで最も発生頻度が高い不整脈といえよう（図 6-6）．

5つのステップのうち，異常なのは心拍数の上昇のみで，他のステップでは異常所見は見られない．図 6-5 の正常洞調律と比較すると判るように，洞頻脈では TP 間隔が短縮している．洞頻脈がさらに高度になると TP 間隔がより短縮する．また，頻脈性不整脈では，T 波および次の P 波が重複して P 波が見えなくなることが多い．

洞頻脈の最も一般的な原因は，心電図検査中の興奮やストレスであろう．無論，これらが原因であれば，洞頻脈を治療する必要はない．この不整脈は発熱，貧血，ショック，心不全，低酸素症などに伴って発生することもあり，その場合には洞頻脈そのものではなく，洞頻脈の原因に対する治療が必要である．なお，何らかの心臓病に罹患して心機能が低下すると，心機能を補うために交感神経系が緊張し，後述する洞不整脈が消失し，同時に洞頻脈が見られることは頭に入れておこう．

（2）洞徐脈

房室結節と並んで，洞結節には迷走神経が豊富に分布しているため，この結節は迷走神経の影響を受けやすい．

洞徐脈では，洞結節でのインパルス生成頻度が参考範囲を下回り，このため心拍数も参考範囲未満になる．健康な動物でも，この不整脈は迷走神経が優勢になる状態，すなわちリラックス時や睡眠中にたびたび見られる（図 6-7）．洞頻脈と同様，5つのステップのうち，心拍数以外に異常所見は見られない．

一般に，洞徐脈も治療不要である．但し，手術を予定している症例でこの不整脈が見られた場合，麻酔中の洞徐脈の急激な悪化に対応するため，アトロピンやドパミンに反応し，心拍数が上昇することを確認した方がよいと思われる．

徐脈の原因として深い麻酔，高カリウム血症[ii]，頭蓋内圧上昇などによる迷走神経の緊張増大などが関与している場合には，これら

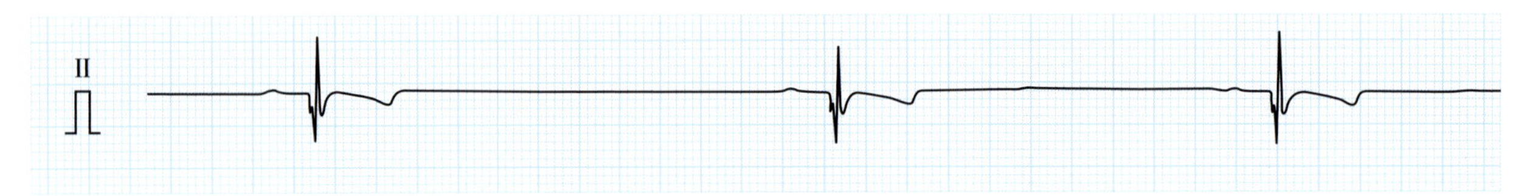

図 6-7 洞徐脈（Ⅱ誘導，イヌ）
心拍数は 57 回 / 分だった．アトロピン（0.05mg/kg，iv）投与 10 分後，心拍数は 141 回 / 分に上昇したことから，この症例では，洞徐脈の原因は迷走神経の緊張と判断した（縮小して掲載）．

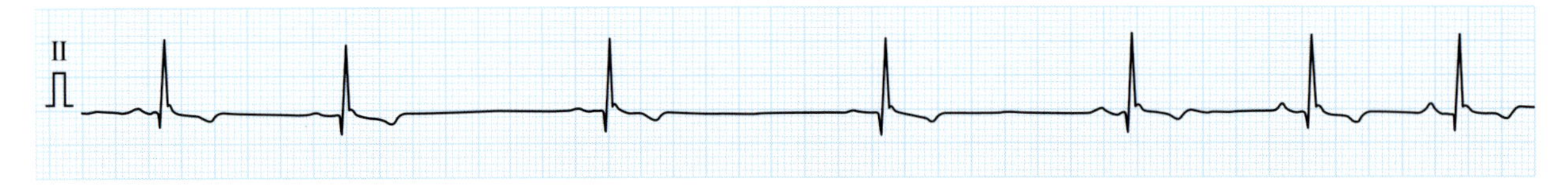

図 6-8 洞不整脈（Ⅱ誘導，イヌ）
2～4 拍目にかけて RR 間隔が延長, つまり瞬時心拍数が低下している．それ以降は瞬時心拍数は増加している．この症例では，この心拍変動は呼吸運動と連動していなかった（縮小して掲載）．

に対する処置は当然のこと必要である．また，高度な洞徐脈のために失神などの臨床徴候が発生することがあるが，このような場合は洞徐脈ではなく，洞不全症候群という病的不整脈を強く疑うべきである．

(3) 洞不整脈・呼吸性不整脈

洞不整脈では，洞結節がインパルスを不規則に生成するため，全体的な調律が不規則になる．しかし，洞結節を出たインパルスは正常に心房および心室を伝導し，心筋を正常に興奮させるため，調律が不規則なこと以外に異常所見は見られない（図 6-8）．吸気時に心拍数が上昇し，呼気時に低下するタイプの洞不整脈を特に呼吸性不整脈と呼ぶ．いずれにしても，これらの不整脈は，迷走神経が緊張している際に見られ，運動やアトロピン投与により迷走神経の効果が遮断されると消失する．このため，これらの不整脈は心拍数が比較的低い時に発生することがほとんどである．

なお，これらの不整脈ではＰ波の形状が心拍毎に徐々に変化することがあり，この現象を移動性ペースメーカと呼ぶ（図 6-9）．洞結節内でのインパルス生成部位が心拍毎に異なることが原因とされている．

洞不整脈も呼吸性不整脈もイヌでは生理的である．かつては，ネコではこれらは病的不整脈に分類されていたが，安静状態にある健康なネコに長時間（ホルター）心電図検査を実施した報告では，ネコにも洞不整脈が見られたとされている．また，呼吸性不整脈は慢性呼吸器疾患に関連して見られる場合もある．

洞頻脈の項で述べたが，洞不整脈や呼吸性不整脈は心臓病の重症度を判定する手がかりの１つになる．例えば，以前は洞不整脈や呼吸性不整脈が見られていた僧帽弁閉鎖不全症のイヌが，最近では洞頻脈を示すようになった場合，心機能の低下を疑うべきである．

(4) 洞停止・洞房ブロック

この両者の発生機序は異なるが，心電図所見は類似しており，また臨床的な対応も共通

---

ii) ヒトの心電図学では，「洞結節および心室筋は高カリウム血症に影響されないが，心房筋はこの影響を受けやすく，洞結節からのインパルスを心室に伝導はするが，心房筋は脱分極しなくなる」とされている．つまり，心房は収縮しなくなるが，心室拍動数は低下しないということである．一部の獣医学のテキストでは，高カリウム血症により心拍数が低下するとは明記されていない．この問題についてはPart7で扱うが，筆者は高カリウム血症では心拍数は低下することが多いとこれまでの経験を通じて感じている．

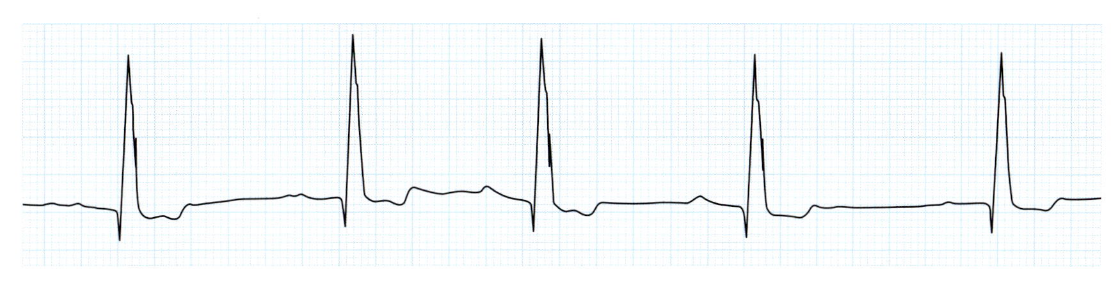

図 6-9　移動性ペースメーカ（Ⅱ誘導，イヌ）
1 および 2 拍目の P 波は小さいが，3 および 4 拍目の P 波は大きく，再び P 波は小さくなっている．PQ 間隔は一定である．

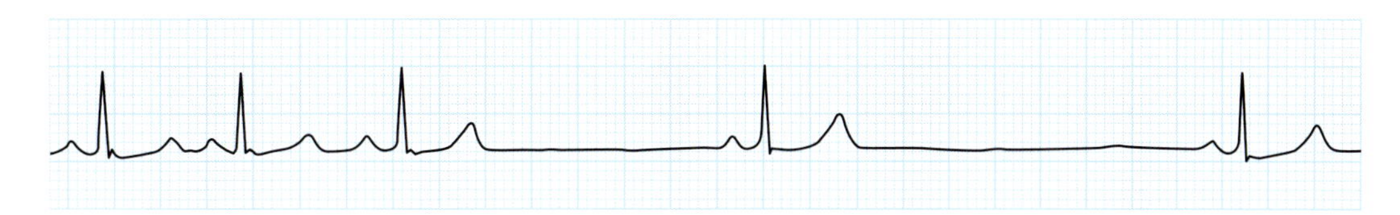

図 6-10　洞停止（Ⅱ誘導，イヌ）
最初の 2 つの RR 間隔は 0.30 ～ 0.34 秒とほぼ一定である．3 拍目の終了後，やや長い RR 間隔が 2 つ連続して発生しており，これらの RR 間隔はそれぞれ 0.78 および 1.04 秒であった．このことに基づき，洞停止と判断した（縮小して掲載）．

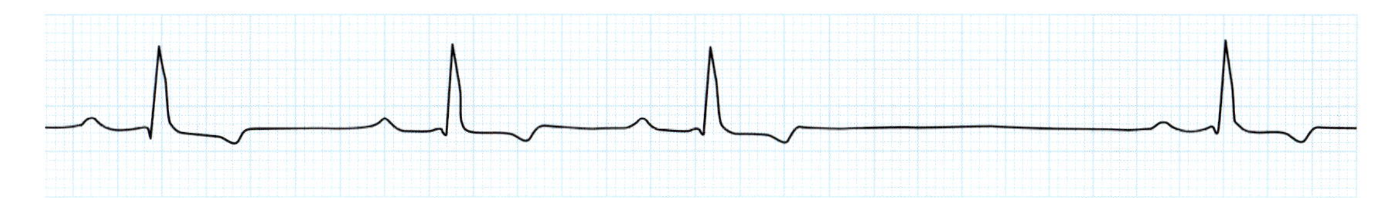

図 6-11　洞房ブロック（Ⅱ誘導，イヌ）
1 および 2 つめの RR 間隔はそれぞれ 0.64 および 0.60 秒だった．3 拍目の後，短時間ではあるが休止期が見られる．3 および 4 拍目の RR 間隔は 1.16 秒と先行する RR 間隔の約 2 倍だったことから，この休止期は洞房ブロックにより発生したと考えられる（縮小して掲載）．

しているので，一括して扱われることが多い．

洞停止では，洞結節が長時間にわたりインパルスの生成を停止する．無論，この停止中は心電図波形は描かれない．これに対して洞房ブロックでは，洞結節で規則的に生成されたインパルスが，何らかの原因により心房に伝導されない．このため洞停止と同様，心電図波形が描かれない休止期が見られる．

両者共に心拍数が低下傾向にある際に見られることが非常に多い．洞停止では，RR 間隔は先行する正常 RR 間隔の 2 倍以上（但し整数倍ではない）になる（図 6-10）．洞房ブロックでは RR 間隔は正常 RR 間隔の整数倍を示す（図 6-11）．これらもイヌでは生理的不整脈である．しかし，ミニチュア・シュナウザーなどを好発犬種とする洞不全症候群では，これらの不整脈が洞不全症候群の所見の一部となっていることがある．このため，洞停止または洞房ブロックの症例を見たら，失神や運動不耐性に関する病歴を評価すべきである．筆者はこの 2 種類の不整脈を健康なネコで見たことがなく，おそらく健康なネコでの発生頻度は極めて低いか，あるいはネコではこれらは病的不整脈に含めるべきかもしれない．

Part 7 病的不整脈

1 房室ブロック

房室結節の伝導障害を原因とする不整脈で，伝導障害の程度により3種類に大別される．

(1) 第1度房室ブロック

これは房室結節での伝導遅延が原因である．伝導速度は低下するが，心房からのインパルスは確実に心室へ伝導する．このため，PQ間隔が延長するが，P波とQRS群の関係は1：1に保たれる．またPQ間隔は一定で，後述する第2度房室ブロック(モビッツⅠ型)とは異なり，PQ間隔が心拍毎に変動することはない（図7-1）．

この不整脈はジギタリス中毒，血清カリウム濃度の異常などで発生するが，最も一般的な原因は，迷走神経の緊張と考えられている．健康な特に老齢犬で見られることも珍しくない．経験的には，第1度房室ブロックはイヌで頻繁に認められるのに対し，ネコではあまり見られない．

第1度房室ブロックでは，心房が収縮を完了してから心室が収縮を開始するまでの時間が正常よりもわずかに延長するだけなので，血行動態に悪影響を及ぼすことはない．加えて，第1度房室ブロックは後述する第2または3度房室ブロックに進行することはないとされている．このような理由から，この不整脈自体は治療対象にならない．

(2) 第2度房室ブロック

この不整脈の特徴は，房室結節での伝導が断続的に遮断されることである．すなわち，P波の後にこれに対応するQRS群が出現しないという現象が時おり起こる．第2度房室ブロックは，房室間伝導が遮断されるまでにPQ間隔が徐々に延長するタイプ（モビッツⅠ型またはウェンケバッハ型），そして遮断されるまでのPQ間隔が一定のもの（モビッツⅡ型）にさらに分類される（図7-2および7-3）．第2度房室ブロックもイヌでは一般的な不整脈で，ネコでの発生頻度はイヌよりも低いと思われる．

原因は第1度房室ブロックと同様である．特に，モビッツⅠ型では迷走神経の緊張が原因であることが多いとされている．これに対してモビッツⅡ型では，高カリウム血症，ジギタリス中毒，α_2受容体作動薬，迷走神経

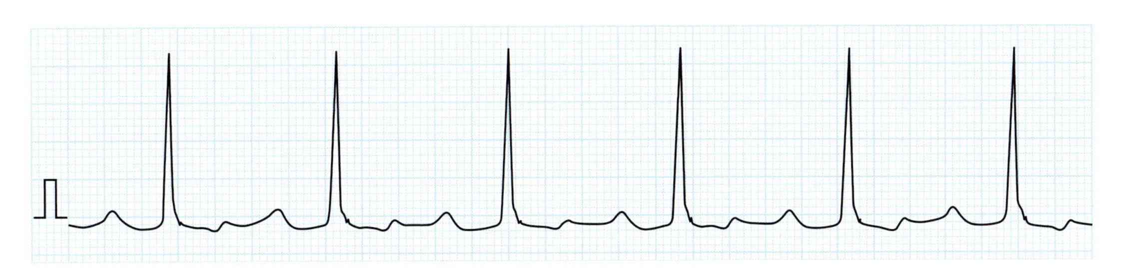

図7-1　第1度房室ブロック（Ⅱ誘導，イヌ）
P波とQRS群は1：1の関係にある．PR間隔は0.16秒と，参考範囲の上限である0.13秒を超えている．心電図の左端にある四角い波形は較正波形といい，この高さは1mVを示す．この較正波形の高さは5mmと，通常の半分になっているので，1mV＝5mm，つまり波形の振幅は通常の半分に縮小して記録されていることに注意しよう．すなわち，R波の振幅は4mVを超えており，左心室拡大が疑われる．この症例（ボーダー・コリー，雌）は動脈管開存症のために，左心系が著しく拡大していた．

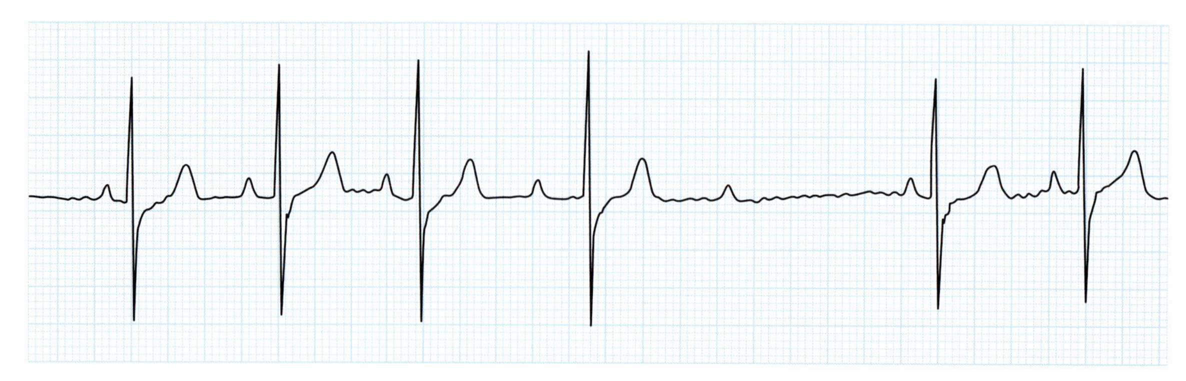

図 7-2　第 2 度房室ブロック（モビッツⅠ型，Ⅱ誘導，イヌ）
6 回の心拍が記録されている．4 拍目の QRS 群の出現後，P 波が出現しているものの，その後に QRS 群が発生していないことから，第 2 度房室ブロックと診断できる．このブロックが発生するまでの PR 間隔を見ると，1 拍目の 0.12 秒から，0.13 秒，0.14 秒，そして 0.15 秒と徐々に延長し，房室ブロックが発生していることから，モビッツⅠ型と判断できる．なお，S 波の振幅が非常に大きいことから，右心室拡大も疑われる．

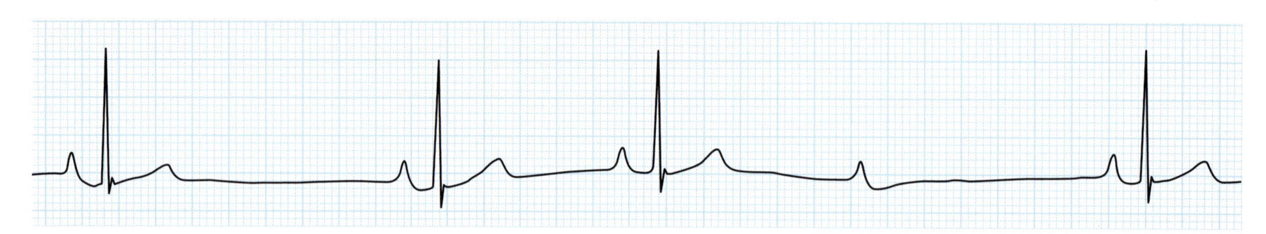

図 7-3　第 2 度房室ブロック（モビッツⅡ型，Ⅱ誘導，イヌ）
3 回の心拍の後に P 波が発生しているが，その後に QRS 群が発生していない．このブロックが発生する前を見ると，最初の 3 拍の P 波と QRS 群の関係は 1：1 で，PR 間隔は 0.10 秒と一定で参考範囲内である．以上のことから，第 2 度房室ブロック（モビッツⅡ型）と診断できる．本文でも述べたように，第 2 度房室ブロックの鑑別には，ブロックが発生する数拍前の PR 間隔が重要となる．

の緊張といった機能的な原因が関連することもあるが，より一般的な原因として，心筋局所の炎症（心内膜炎，外傷性心筋炎など）または変性（心筋症，心内膜症または線維症による房室結節の分断）などの器質的病変とされている．

ヒトでは，モビッツⅠ型の原因病変の部位は房室結節の上部であり，血行動態および予後に影響しないため，治療対象にならない．この点は動物でも同様と考えられる．これに対して，モビッツⅡ型ではヒス束以下の部位に原因が存在し，後述する第 3 度房室ブロックに移行するリスクが高いとヒトでは考えられている．動物では，モビッツⅠおよびⅡ型に分けて第 3 度房室ブロックへの移行率，あるいは予後を比較した客観的な検討は行われておらず，詳細は不明である．

第 2 度房室ブロックでは，房室間の伝導遮断が連続して発生することはない．しかし，時にはこの遮断が 2 回以上連続して発生することがあり，このような不整脈を高度房室ブロックという．この不整脈はモビッツⅡ型に関連して見られることが多い．いわば第 2 度房室ブロックと次に述べる第 3 度房室ブロックの中間型の不整脈といえる．例えば P 波が 3 個発生し，そのうち 1 つが心室に伝導した場合，3：1 伝導と呼ぶ（図 7-4）．

この不整脈は第 3 度房室ブロックと同様の臨床徴候（虚弱，無関心，失神など）を頻繁に示すことがイヌで確認されている．高度房室ブロックのイヌの生存期間は第 3 度房室ブロックのそれと同様だったとする報告がある．このため，後述する第 3 度房室ブロックと同様の対応が求められる．

（3）第 3 度房室ブロック

房室結節での伝導が完全に遮断されると発生する不整脈である．このため，古くは完全（心）ブロックと呼ばれた．

洞結節で生成され，心房筋を興奮させたイ

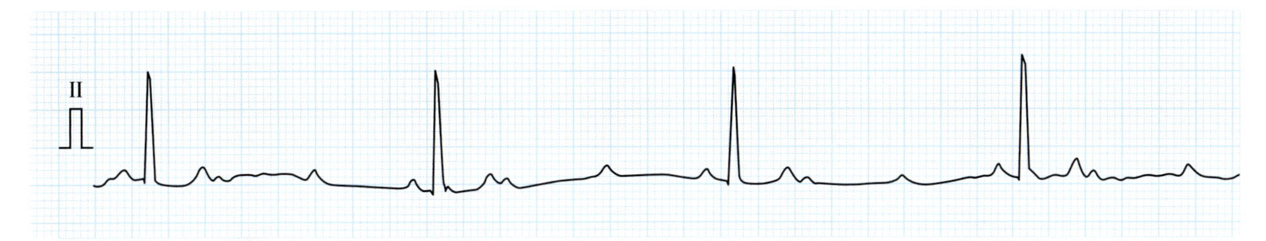

図 7-4　高度房室ブロック（3：1 伝導，Ⅱ誘導，イヌ）

4 個の QRS 群が認められる．これらの QRS 群には P 波が必ず先行しており，PQ 間隔は 0.08 秒と一定で，これは図 7-5 の第 3 度房室ブロックでは見られない所見である．また，P 波はほぼ一定間隔で出現している．左端の P 波が QRS 群に伝導し，T 波が発生した直後に P 波が再び発生しているが，QRS 群は発生していない．続いてもう 1 個の P 波の後にも QRS 群が発生していない．次の P 波が QRS 群を発生させている．つまり，この症例では P 波が 3 回発生したうち，1 回が心室に伝導している（3：1 伝導）．伝導比が 2：1 より低い（悪い）場合を高度房室ブロックと呼ぶ．第 3 度房室ブロックとは異なり，高度房室ブロックでは房室間伝導は完全には遮断されていないので，第 2 度房室ブロックに含まれる．しかし，心室拍動数が顕著に低下して，失神などの臨床徴候を伴うことが多い点では，この不整脈は第 3 度房室ブロックと共通している．

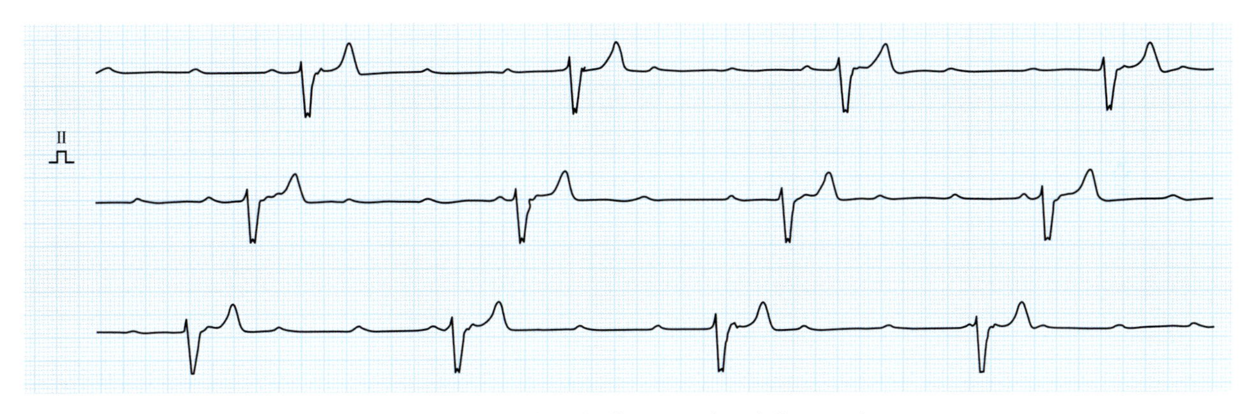

図 7-5　第 3 度房室ブロック（Ⅱ誘導，イヌ）

15 秒間の連続心電図である．15 秒間に QRS 群が 12 個出現しており，心室拍動数は 48 回 / 分である．P 波は 15 秒間で約 45 回発生しており（QRS 群が T 波と重なっている P 波も含む），洞結節の刺激生成頻度は約 180 回 / 分である．PP 間隔も RR 間隔も一定だが，P 波の数と比べると QRS 群の数は圧倒的に少ない．また，PR 間隔は一定していない．このことから，この不整脈は第 3 度房室ブロックと診断できる．なお，これらの QRS 群は心室内で生成されたインパルスにより発生したものだが，QRS 群の形状が一定なことから，インパルスの生成部位（フォーカス）は 1 カ所と思われる．症例によっては，2 種類以上の形状の QRS 群が見られることもある（縮小して掲載）．

ンパルスは房室結節で常に遮断される．このため，心室拍動を停止させないために，房室結節以下の部位でインパルスが生成され，これが心室筋を興奮させる．このように，心停止の危機から逃れるために，洞結節以外の部位がインパルスを生成し，心機能を保つ調律を補充調律と呼ぶ（後述）．

心電図所見としては，P 波は一定間隔で出現するが，QRS 群とは全く関連がない．QRS 群は P 波と異なる一定のリズムで出現することが多いが，不規則な場合もある（図 7-5）．いずれにしても，心室の刺激生成頻度は 20 ～ 40 回 / 分なので（表 2-1），心室拍動数は著しく低下し，かつ運動や興奮に伴って上昇することはない．このため，安静時・興奮時を問わず心拍出量は低下する．運動不耐性，虚脱，無関心，失神などの臨床徴候が出現し，徐脈に伴う左心拡大も見られるため，この不整脈は治療対象にすべきである．

この不整脈の原因は多くの症例で明らかにすることはできないが，第 2 度房室ブロック（モビッツⅡ型）と同様の原因を考慮すべきであろう．また，先天性心臓病（大動脈弁狭窄，心室中隔欠損など），薬剤（ジギタリス，β 遮断薬，カルシウム拮抗薬など），心筋病変（感染，梗塞など），高カリウム血症に関連して発生することもある．一般に，イヌの第 3 度房室ブロックは非可逆的とされているが，症例の7%が正常洞調律へ，そして5%が第2度房室ブロックに復帰することが報告されている．

最も有効な治療は人工ペースメーカの設置であるが，非常に高額であるため，実施できない症例が多い．このような場合，β作動薬やキサンチン誘導体など陽性変周期作用を発揮する薬剤が選択されるが，有害反応が問題になったり，臨床徴候を軽減できないことが多い．最近ではシロスタゾールという薬剤が用いられることが多くなった．この薬剤により洞調律に復帰させることはできないが，徐脈に関連した臨床徴候の軽減には有効であることが多い．

第3度房室ブロックでは，P波の発生頻度よりQRS群のそれが低いことが特徴の1つである．これとは反対に，QRS群の発生頻度の方が高い場合があり，このような不整脈を房室解離という．

房室解離には2種類の定義（つまり診断基準）があるため注意が必要である．

心房と心室がそれぞれ異なる調律で拍動している状態という，いわば広義の定義では，房室解離の中に第3度房室ブロックが含まれる．しかし，現在はこのような考え方をする専門家は少なくなった．最近では房室解離は，

・洞調律による心拍数が低下し，より下位の組織が洞調律よりも高頻度でインパルスを生成した場合
・より下位組織の刺激生成能が亢進した場合
・上記2つの組み合わせ

のいずれかの機序により発生すると定義されている．この定義に従えば，第3度房室ブロックは房室解離には含まれないことになる．現在，心電図学ではこの定義が広く受け入れられている．

2 心房細動・心房粗動

洞結節でなく心房筋で不規則かつ高頻度にインパルスが生成されることが特徴である．心房の脱分極頻度は1分間に400～1,200回にも達するため，心房は痙攣状態に陥り，正常で律動的な収縮が不可能になる．このため，正常なP波が見られなくなり，この代わりに，f波（fは細動fibrillationの頭文字）という非常に細かな鋸歯状の波形が出現する．

この高頻度のインパルスが全て心室に到達することはない．房室接合部はインパルスの大部分をブロックし，ブロックされなかったインパルスだけが心室に伝導する．但し，規則正しく心室に伝導されないため，心室の調律は不規則になる．この不規則な心室拍動では，呼吸性不整脈のように規則性が見られないことから絶対不整と称する．

要約すると，心房細動の心電図所見は，

・全ての誘導でのP波の消失
・f波の出現
・絶対不整

の3点である．

心室拍動数は非常に速いことが多いが，それほど速くない場合もあることから，頻拍は心房細動の必発所見とはいえない．また，イヌおよびネコではf波が明瞭に認められないことが多い（図7-6aおよび7-6b）．なお，房室結節に到着したインパルスは心室内を正常な経路を伝導するので，QRS群の形状は心室内での伝導異常がない限り正常で，持続時間が延長することはない．

心房細動の最も代表的な原因は重症心不全である．特に，大型犬で多発する拡張型心筋症では，症例の約半数にこの不整脈が見られたという報告がある．重症心不全に陥ると心房が重度に拡大することが多く，これに伴う心房筋の伸展が心房筋でのマイクロリエントリー回路の成立に関与しているのかも知れない．

無論，心不全療法は必要だが，心房細動自体の治療も検討すべきである．心室拍動数が上昇すると拡張期が短縮し，心拍出量が減少する．加えて，心房収縮は心拍出量の10～20%に貢献しているといわれ，心房収縮の

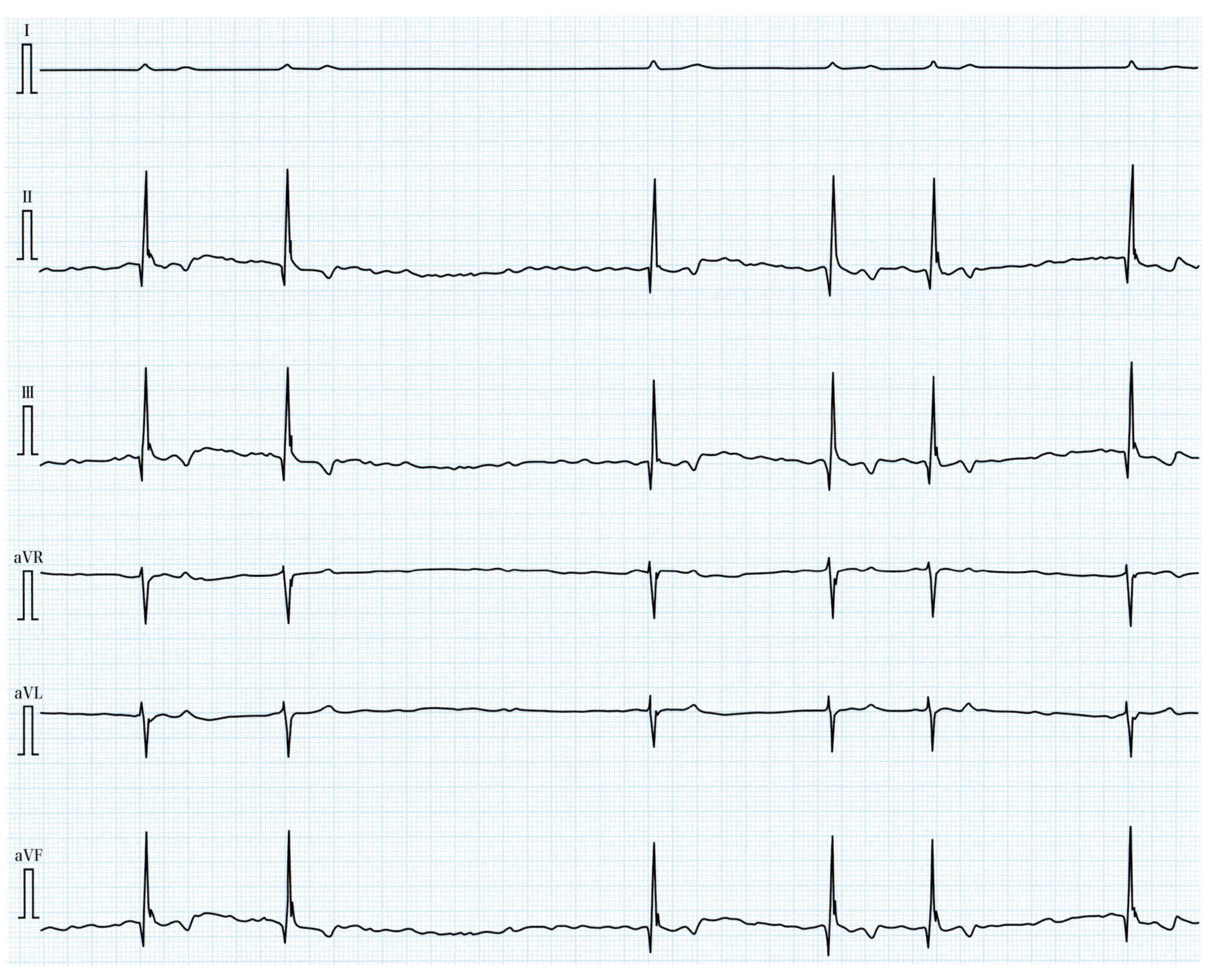

図 7-6a　心房細動（上からⅠ，Ⅱ，Ⅲ，aVR，aVL および aVF 誘導，イヌ）

心房細動の特徴の１つにＰ波の消失がある．何らかの原因により心房筋興奮時の平均電気軸が変化し，Ⅱ誘導ではＰ波が認められないものの，これ以外の誘導でＰ波が確認できる場合がある．Ｐ波が発生していないことを確認するためには，このように標準肢誘導を記録し，全ての誘導でＰ波が見られないことを確認する必要がある（図 7-6b と同一症例，縮小して掲載）．

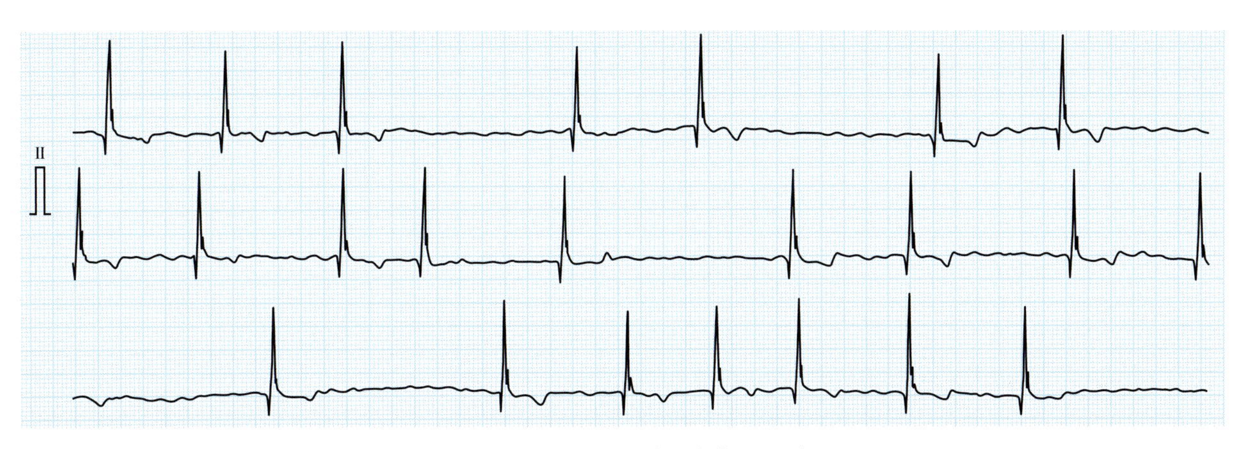

図 7-6b　心房細動（Ⅱ誘導，イヌ）

15 秒間の連続心電図である．Ｐ波が見られないことに加え，RR 間隔が不規則（絶対不整）である．また，上段３および４拍目，そして５および６拍目の間に，不規則で細かい波形が見られ，これがｆ波と思われる．しかし，上段１および２拍目の間は平坦で，ｆ波らしき波形は見られない．このように，小動物ではｆ波は心房細動の必発所見とはいえない．心房細動にしては，心室拍動数は 92 回 / 分と低いが，これはジルチアゼムおよびβ遮断薬（アテノロール）が奏効したためと考えられる（縮小して掲載）．

消失は心拍出量の低下に関与するからである.

以前は除細動といって，心房細動を洞調律に復帰させることが治療目標とされた（このような治療法をリズム・コントロールと呼ぶ）．しかし，最近の獣医学領域では心室拍動数の低下（これをレート・コントロールと呼ぶ）が主流である．イヌでは，ジゴキシンおよびジルチアゼムが併用されることが多い．これらを単独で使用するよりも，併用した方がより心室拍動数が低下することがイヌで確認されている．加えて，これらの併用療法と比較すると，β遮断薬単独では心室拍動数が十分に低下しないことも判っている．体重が20～25kgのイヌでは，心室拍動数を130～145回/分に低下させるとよいと報じられているが，小型犬およびネコでは，このような検討は行われていない.

ヒトでは，心房細動により心房収縮が停止すると，心房内で血栓が形成されることが多い．このため，ヒトでは血栓予防療法も併用されることが一般的である．これに対して，イヌでは心房拡大に伴って血栓が形成されることは極めてまれであるため，血栓予防療法は実施されないことがほとんどある．ネコでは，心房細動の有無に関わらず，重度な心房拡大に伴って血栓が形成されることが非常に多いので，このようなネコには血栓予防療法を実施すべきである.

既に述べたように，この不整脈はイヌでは重症心不全に伴って発生することが多いが，中には心臓に何ら問題のないイヌに発生することがあり，これを孤立性心房細動という．孤立性心房細動は経験的には大型犬で見られ，心室拍動数は120回/分前後で，極端に上昇しないことが多い．この孤立性心房細動は，麻酔薬(特にオピオイドを併用した場合)，甲状腺機能低下症，大量の心膜穿刺後，胃腸疾患などに関連して見られる.

ネコでも，心房細動は心不全に関連して発生することが非常に多い．興味あることに，心房細動を合併した心不全ネコ，そして合併していない心不全ネコの予後は同等だったと報じられている.

イヌおよびネコでは，心房粗動の発生率は心房細動のそれよりも低いと思われる．f波の代わりにF波と呼ばれるf波よりも大きな鋸歯状で基線が動揺したような波形が認められる以外は，心房細動と同じ心電図所見が見られる（図7-7aおよび7-7b）．F波とf波の発生メカニズムは異なるが，臨床的な考え方，つまり発生原因，治療法などは同じである.

3 期外収縮および関連する不整脈

（1）概要

期外収縮という文字を見ると不規則な心臓の収縮，つまり，予定よりも早いタイミング，そして遅いタイミングで心臓が収縮する状態をイメージするかも知れない．しかし，期外収縮は予定された収縮よりも早いタイミングで収縮する不整脈のみを指す．期外収縮は英語ではpremature contractionといい，英語の方が正しい意味を示している．期外収縮と同義語である早期拍動という用語が使われる場合もある．実際に，日本循環器学会の循環器学用語集（第3版）では両者の使用を推奨している．獣医学領域の解説書や教科書を見ると，期外収縮が用いられることが多いため，本書では敢えて期外収縮を用いた.

期外収縮には様々な分類法があるが，異常インパルスの生成部位に基づく分類法を最初に理解すべきである.

期外収縮は，何らかの原因により洞結節以外の部位でインパルスが生成されることで発生する．この生成部位が心房であれば心房期外収縮，房室結節～ヒス束領域（房室接合部という）であれば房室接合部期外収縮，そして心室であれば心室期外収縮と呼ぶ．房室接合部は心室中隔の頂上付近に存在するため，解剖学的には心室組織の一部と見なすことができる．しかし，電気生理学的には心室筋の脱分極に直接関与しているのは右脚，左脚お

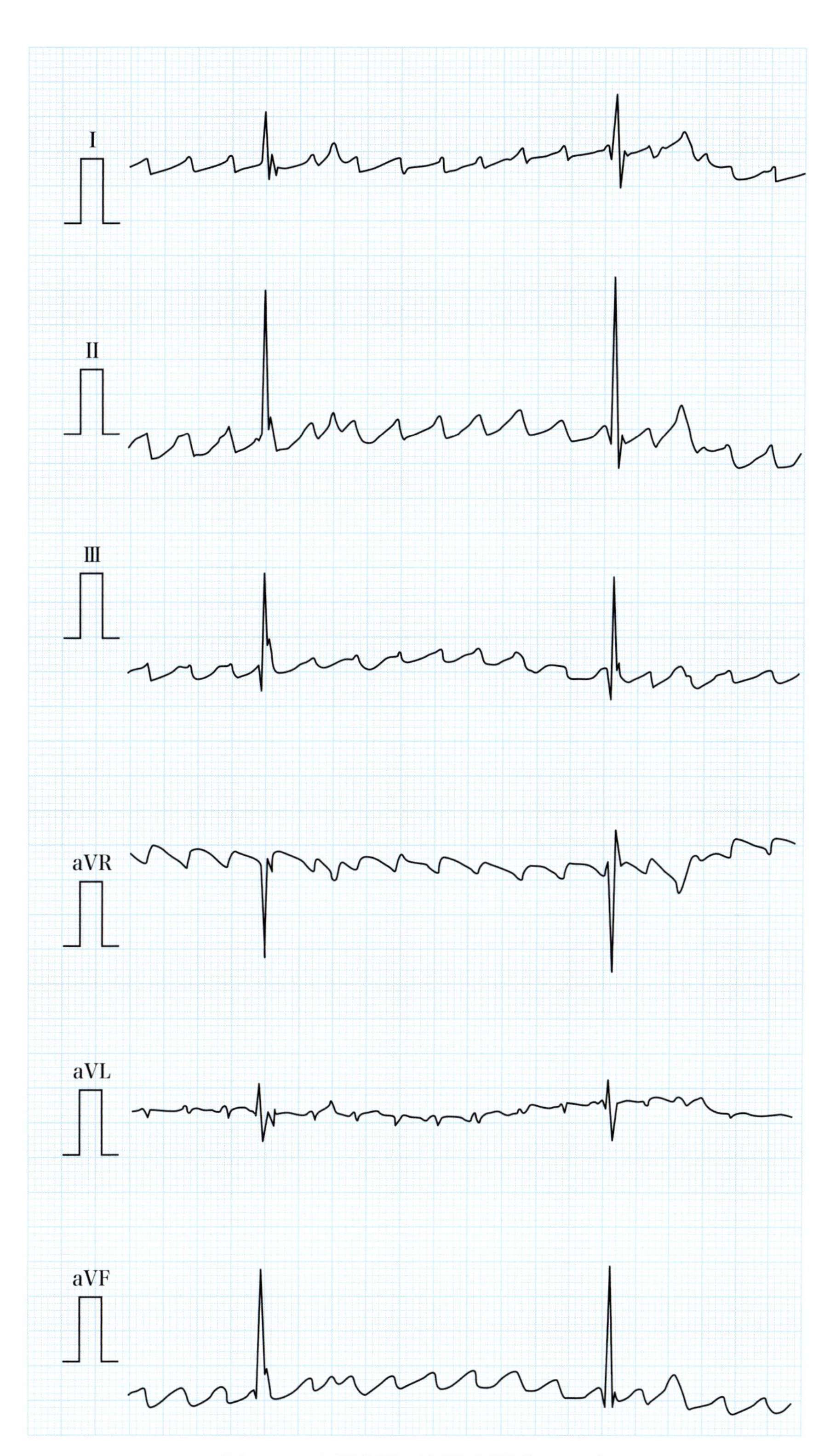

図 7-7a　心房粗動（標準肢誘導，イヌ）

上からⅠ，Ⅱ，Ⅲ誘導，aVR，aVL および aVF 誘導．どの誘導においても P 波は見られず，その代わりに鋸歯状の波形（F 波）が見られる（図 7-7b と同一症例）．

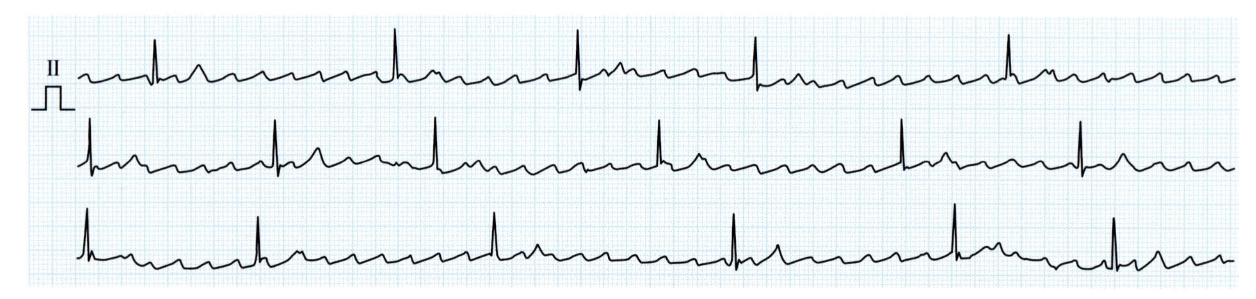

図 7-7b　心房粗動（II 誘導，イヌ）
15 秒間の連続心電図である．図 7-7a と同様，P 波の代わりに F 波が認められる．F 波の発生頻度は約 500 回 / 分と，通常の心房興奮頻度と比較すると異常に高い（縮小して掲載）．

よびプルキンエ線維であって，房室接合部でない．このため，心電図学では房室接合部は心房の一部と見なされる．心房期外収縮と房室接合部期外収縮を合わせて上室期外収縮と呼ぶのは，このような理由による．

上室期外収縮では，心室筋は早期に興奮するが，心室内のインパルス伝導プロセスは正常なため，QRS 群の形状は洞調律の場合と同じである．これに対して心室期外収縮では，心室筋は正常なプロセスで興奮しないため，QRS 群は変形する．また，持続時間および振幅は洞調律の QRS 群よりもそれぞれ長く，そして大きくなる．

イヌおよびネコでは，期外収縮は発生率が非常に高い不整脈の1つである．経験的には，上室不整脈は心臓病，特に高度な心房拡大を伴う心臓病の症例で見られることが多い．これに対して，心室不整脈は心臓病に加え，疼痛，膵炎，発熱，胃拡張捻転症候群，頭部外傷，低酸素症，貧血，パルボウイルス感染症などに伴って発生することも多い．また，ジゴキシン，エピネフリン，ドブタミン，各種麻酔薬の投与後に見られることもある．さらに，健康な動物でも時として記録される．以下，期外収縮を心室期外収縮および上室期外収縮に分けて解説する．さらに，各期外収縮と関連する不整脈についても述べる．

(2) 心室期外収縮および関連する不整脈

1) 心室期外収縮

(i) 特徴

心室のいずれかの部位で生成されたインパルスが心室全体を興奮させる不整脈で，洞調律から予想されるよりも早期に発生するという特徴がある．発生したインパルスは伝導速度が遅い固有心筋[i]を伝導するため（表 2-1），QRS 群の立ち上がりは緩徐（なめらか）になり，その持続時間は洞調律の QRS 群と比較すると大幅に延長し，イヌでは 0.07 秒，ネコでは 0.04 秒を上回る．また，先行する P 波は存在しないか，存在したとしてもこの異常な QRS 群との間に関連性は見られない．心室期外収縮が発生すると RR 間隔は不規則になるが，通常，PP 間隔は保たれる．心室期外収縮が発生する 1 拍前の正常収縮と心室期外収縮の距離（時間）を連結期または連結時間と呼ぶ．この連結期は同一個体では変動しないとされている（図 7-8）．

心室期外収縮では QRS 群の形状変化は劇的なので，この不整脈を見逃すことはまずないであろう．しかし，①心室拡大，②脚ブロック，③心電図検査中の突然の体動によるアーチファクト，④後述する心室補充収縮で見られる早いタイミングでは発生しない幅広い QRS 群，そして⑤重度な高カリウム血症に関連した QRS 群の形状変化などでは，一見すると心室期外収縮と似た QRS 群が出現するので，心室期外収縮と診断する前に，上述した心室期外収縮の特徴を必ず全て確認しな

[i] 心筋は固有心筋および特殊心筋から構成される．特殊心筋とは刺激を生成し伝導する組織で，いわば刺激伝導系のことである．これに対して固有心筋とは収縮を担当する組織で，伝導時間が長いものの刺激を伝導できる．しかし，刺激を生成することはできない．

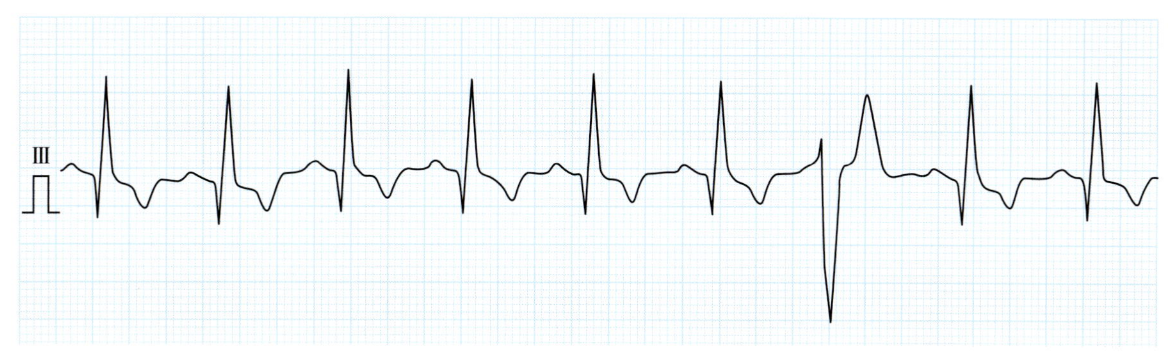

図 7-8　心室期外収縮（Ⅱ誘導，イヌ）
洞調律が 6 拍連続した後，予想されるタイミングよりも早く，そして持続時間が長い陰性 QRS 群が出現している．これが心室期外収縮である．この QRS 群には P 波が先行していないことに注目．

ければならない．

(ii) 原因

心室期外収縮はイヌでは，心筋症，弁膜疾患（僧帽弁閉鎖不全症など），先天性心臓病，心内膜炎などの心臓病に加え，様々な全身的異常が見られる際にも発生する．特に，低カリウム血症，貧血，低酸素症，胃拡張捻転症候群，腹部臓器（特に肝臓および脾臓）のマス，中毒，アシドーシスで発生することが多い．なお，健康なイヌでも 1 日に最大で 24 回発生していたとの報告がある．これに対して，ネコでは心室期外収縮の原因の大部分が心臓病だったと報告されている．

(iii) 分類

心室期外収縮には様々な分類法があるが，ここでは基本的な分類法について述べる．

i) 代償性休止期を伴う心室期外収縮とこれを伴わない間入性心室期外収縮

心室で生成されたインパルスは心室筋を興奮させるいっぽうで，心房に向かって逆伝導する．この逆行性インパルスは多くの場合，房室接合部を通過する際に大幅に減衰し，心房筋に到着する前に消滅する．しかし，房室接合部は脱分極したため，その後にこの部位は不応期に入る．不応期とは，インパルスに反応できない時間帯のことである．この不応期が弱ければ，心室期外収縮が発生した後に心房から伝導してきたインパルスが心室筋を興奮させることができる．このようなパターンで発生する心室期外収縮を間入性心室期外収縮という．このタイプの心室期外収縮では，PP 間隔は期外収縮に影響されず一定である．また，心室期外収縮を発生させたインパルスが房室接合部を興奮させた後，不応期が不完全な場合があり，この際にインパルスが心房から房室接合部を伝導すると，この部位の伝導時間が正常時よりも長くなる．つまり，心室期外収縮発生後の洞調律の PQ 時間が延長する．このような伝導を潜行伝導という．

これに対して，心室期外収縮を発生させたインパルスにより興奮した後の房室接合部の不応期が強ければ，心房から伝導したインパルスはこの部位を通過できない．やがて不応期が完了すると，伝導可能な状態になる．この場合，心室期外収縮の発生後に休止期が生じる．このタイプの心室期外収縮は代償性休止期を伴う心室期外収縮という．この際に，心室期外収縮の T 波に P 波が見られることがある．これは，心室期外収縮の直後に心房筋が脱分極したためだが，このインパルスは房室接合部を通過できないため，QRS 群を伴うことはない．

図 7-9 で間入性心室期外収縮および代償性休止期を伴う心室期外収縮の発生パターンを比較した．心室期外収縮を挟んだ PP 間隔と挟まない PP 間隔の規則性に注目しよう．なお，心室期外収縮を発生させたインパルスが，房室接合部で消滅せず心房筋を興奮させることがある．この際，洞結節のインパルス生成

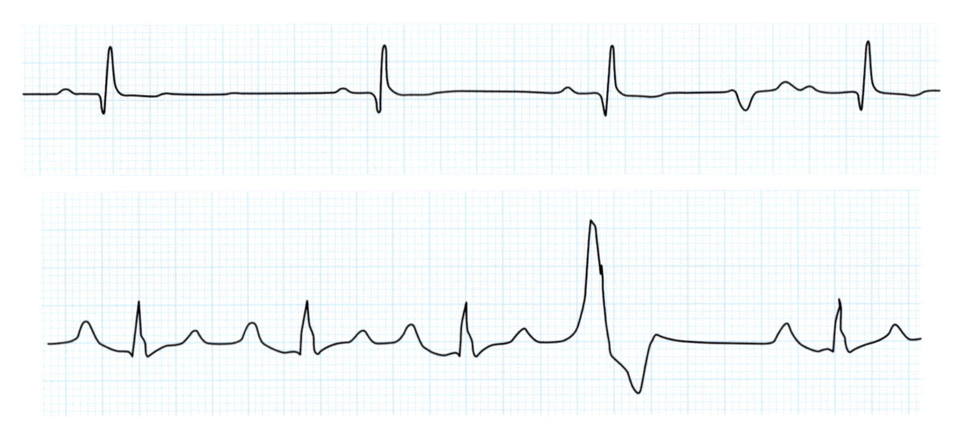

図 7-9　イヌのⅡ誘導で見られた間入性心室期外収縮（上段）および代償性休止期を伴う心室期外収縮（下段）

上段の間入性心室期外収縮では，RR 間隔は左から 0.74，0.62，そして心室期外収縮を挟んで 0.70 秒と，心室期外収縮が発生する前後の RR 間隔はほぼ一定だった．この心室期外収縮は振幅は小さいが，持続時間は 0.08 秒であり，P 波が先行していないことから，心室期外収縮と判断した．1mV = 2.5mm.

下段の代償性休止期を伴う心室期外収縮では，RR 間隔は左から 0.46，0.44，そして心室期外収縮を挟んで 1.02 秒と，心室期外収縮を挟んで RR 間隔は約 2 倍に延長していた．1mV = 10mm.

リズムがリセットされ，洞結節は別の周期でインパルスを生成するようになる．代償性休止期を伴う場合，心室期外収縮を挟んだ PP 間隔は通常の PP 間隔の 2 倍になるが，このパターンでは心室期外収縮を挟んだ PP 間隔は通常の PP 間隔の 2 倍未満にならず，休止期が短縮したように見える．このため，このようなタイプは不完全代償性休止期を伴う心室期外収縮と呼ばれる．

以上述べてきた分類は，治療の必要性や方法の判断とは関連しない．しかし，心室期外収縮の発生状況をより正確に表現するためにしばしば使用されるので，よく理解しておこう．

ii）Lown の分類

表 7-1 に示したように，心室期外収縮の発生状況（散発性 vs 多発性），異常インパルスの生成部位の数（単形性 vs 多形性），連続性（二連発，三連発，ショートラン），そして R on T 型の有無に基づいて心室期外収縮をスコア化する方法である．

Lown の分類は元来，急性心筋梗塞発生時のヒトでの心室期外収縮の重症度を評価するために考案されたものである．簡便に分類で

表 7-1　Lown による心室期外収縮のグレード分類

グレード	基準
0	心室期外収縮なし
1	散発性（1 分間に 1 回未満，または 1 時間に 30 回未満）
2	多発性（1 分間に 1 回または 1 時間に 30 回以上）
3	多形性
4a	二連発
4b	三連発以上
5	短い連結期（R on T 型）

きるので，医学領域では他の原因による心室期外収縮の分類にも活用されている．また，グレードが高いからといって，必ずしも予後不良とは限らず，またグレードと重症度が確実に正比例するとは限らない．獣医学領域では，この Lown の分類を応用する妥当性は検証されていないが，筆者の印象としては，イヌおよびネコで治療対象になることが多いのは，散発性よりも多発性，単形性よりも多形性，連続して発生しないものよりも発生する症例である．このためヒトと同様，予後や重症度の信頼できる確実な分類ではないが，ある程度は参考になると思われる．次に各分類

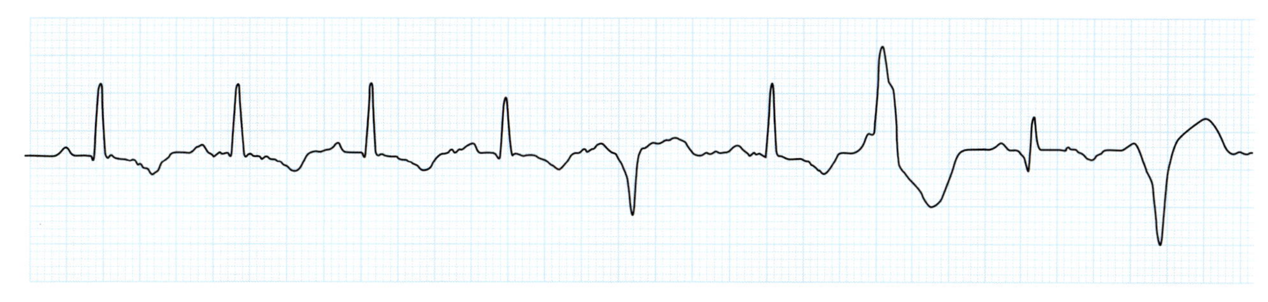

図 7-10　多形性心室期外収縮（Ⅱ誘導，イヌ）

左から洞調律が 4 拍連続した後，陰性で幅広い QRS 群が予想されるよりも早いタイミングで発生している．このことから，これは心室期外収縮と判断できる．続いて洞調律が 1 拍出現した後にも心室期外収縮が発生している．この波形の形状は左から 5 拍目の心室期外収縮のそれと明らかに異なっている．右端の QRS 群も心室期外収縮であるが，この形状も 5 および 7 拍目の心室期外収縮の波形と異なる．以上のことから，心室内で 3 カ所の異なる部位が異常興奮していると推測される．1mV ＝ 5mm.

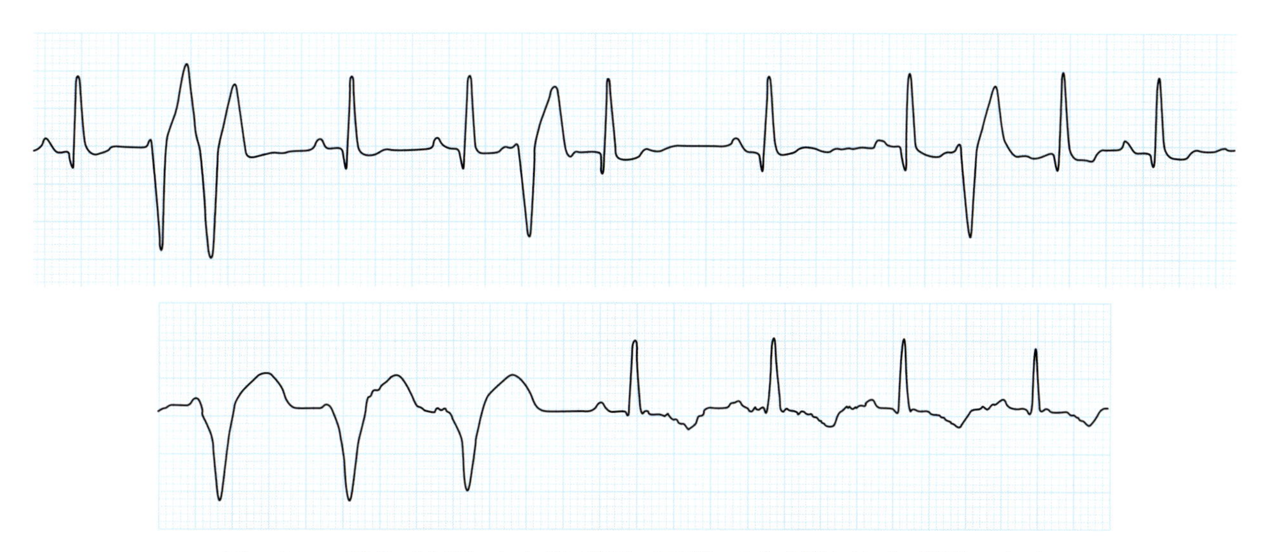

図 7-11　二連発（上段）および三連発（下段）の心室期収縮（Ⅱ誘導，イヌ）

上段:1 拍の洞調律の後, 幅広く歪んだ形状の QRS 群が 2 拍連続して発生している．これらの持続時間は 0.09 秒であった．4 および 5 拍目の洞調律の後に，間入性心室期外収縮が発生している．ちなみに，4 および 5 拍目の RR 間隔は 0.64 秒で，この瞬間の心拍数（瞬時心拍数という）は 94 回 / 分である．これに対して，二連発の心室期外収縮の瞬時心拍数は 214 回 / 分と非常に速い．1mV ＝ 5mm．1 秒＝ 25mm.

下段：最初に，持続時間が 0.12 秒の心室期外収縮が三連発で発生している．この際の瞬時心拍数は 167 回 / 分だった．4 拍目以降は洞調律で，瞬時心拍数は同じく 167 回 / 分だった．図 7-10 と同一症例．1mV ＝ 5mm.

項目について解説を加えよう．

発生状況：Lown の分類では，心室期外収縮の発生頻度が 1 分間に 1 回未満または 1 時間に 30 回未満の場合，散発性と判断する．これよりも発生頻度が高いタイプを多発性に分類する．

異常インパルスの生成部位：異常インパルスの生成部位をフォーカスと呼ぶ．同じ心室内でインパルスが生成されても，フォーカスが異なれば心室期外収縮の QRS 群の形状は異なる．形状が全て同じであれば，フォーカスは 1 カ所であり，単形性に分類する．これに対して，2 種類以上の形状が認められた場合，フォーカスはその数だけ存在し，多形性と判定する（図 7-10）．経験論になるが，ヒトと同様，健常なイヌおよびネコに見られる心室期外収縮は単形性であることが非常に多い．

連続性：心室期外収縮は単発で発生することもあれば，連続して発生する場合もある．後者のうち，2 および 3 回連続して発生する場合, それぞれ二連発および三連発と呼ぶ(図 7-11)．4 連発以上のタイプはショートランに分類される（図 7-12）．個人的にはヒトと同様，動物も連続して発生する症例，特に連続回数が多い症例は重篤な状態にあることが

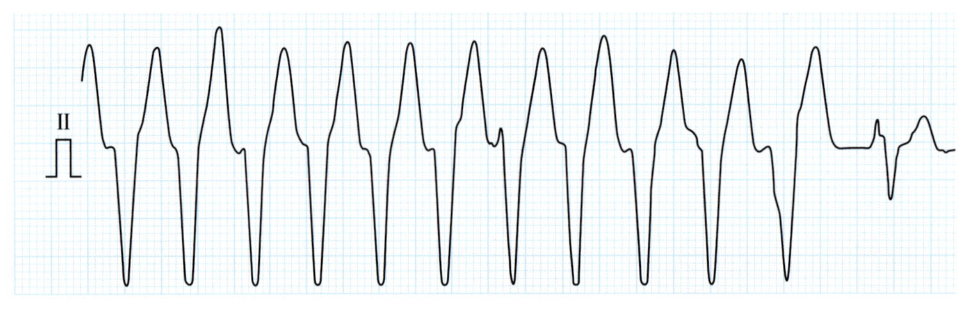

図 7-12　心室頻拍（Ⅱ誘導，イヌ）
持続時間が 0.08 秒と幅の広い QRS 群，つまり心室期外収縮が 11 拍連続して発生している．瞬時心拍数は 333 回 / 分と非常に速い．最後の QRS 群も P 波を伴っておらず，幅広いことから心室期外収縮と考えられた．

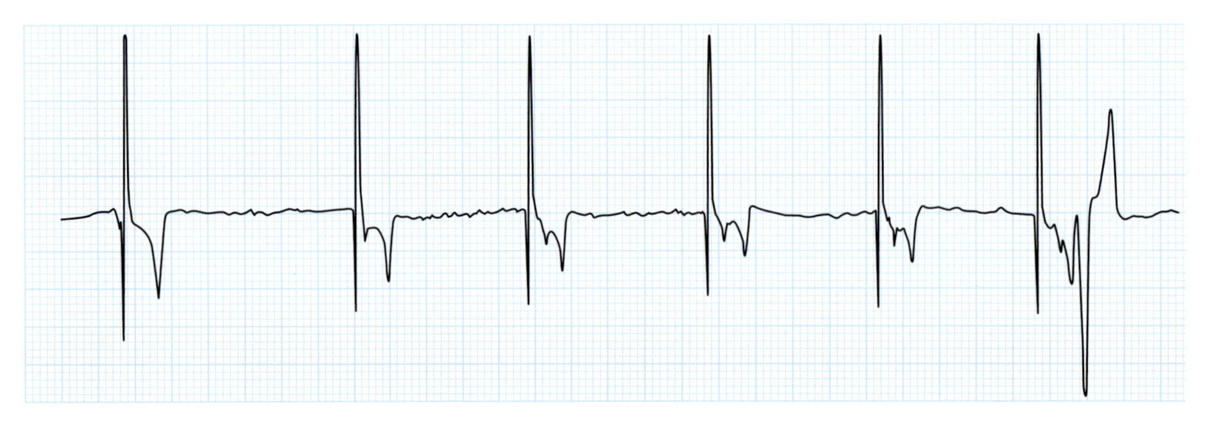

図 7-13　R on T 型の心室期外収縮（Ⅱ誘導，イヌ）
最初の 1 拍目は洞調律と判断される（PQ 間隔が短く見えるのは，1 秒＝ 25mm で記録されているため）．2 ～ 5 拍目の QRS 群持続時間は 1 拍目のそれと同じだが，T 波の形状が異なることから，これらは房室接合部性調律の可能性がある．すなわち，房室接合部で生成されたインパルスが心室を興奮させるいっぽうで（その結果，幅の狭い QRS 群が発生した），このインパルスは心房も興奮させ，通常と形状が異なる P 波が T 波に重複したと考えられる．最後の QRS 群は陰性で幅が広いため，心室期外収縮と判断される．注目すべきはこの発生タイミングで，先行する T 波に載るように発生していることから，R on T 型と判断した．

多く，治療対象にすることが多い．

R on T 型の有無：医学領域では，これは心筋が非常に不安定な状態の際に発生し，心室頻拍や心室細動を生じやすい危険な不整脈と見なされている．獣医学領域では筆者の知る限り詳細な検討は実施されていないが，この意義はヒトと同様と考える獣医心臓病学者が多い．多くの心室期外収縮は先行する洞調律の T 波が終了し，TP 間隔に移行して発生する．しかし，時として先行する T 波に重なるように心室期外収縮が発生することがあり，このタイプを R on T 型の心室期外収縮という（図 7-13）．心室期外収縮はイヌおよびネコでは頻繁に見られるが，この R on T 型の発生頻度は低いと思われる．

iii）二段脈および三段脈

正常な洞調律と心室期外収縮が交互に発生するタイプを二段脈と呼ぶ（図 7-14）．医学領域では二段脈の法則といって，ひとたび心室期外収縮が発生すると二段脈になりやすいという．経験的には，動物でも二段脈はよく遭遇する不整脈の 1 つである．なお，正常な洞調律が 2 回連続して発生した後に心室期外収縮が発生する場合は三段脈と呼ぶ（図 7-15）．一般に，二段脈と三段脈とで治療方針や予後が異なることはないが，心室期外収縮の発生状況をより正確に記録・説明するために必要な分類法である．

(iv) 治療

単発で発生する心室期外収縮は多くの場

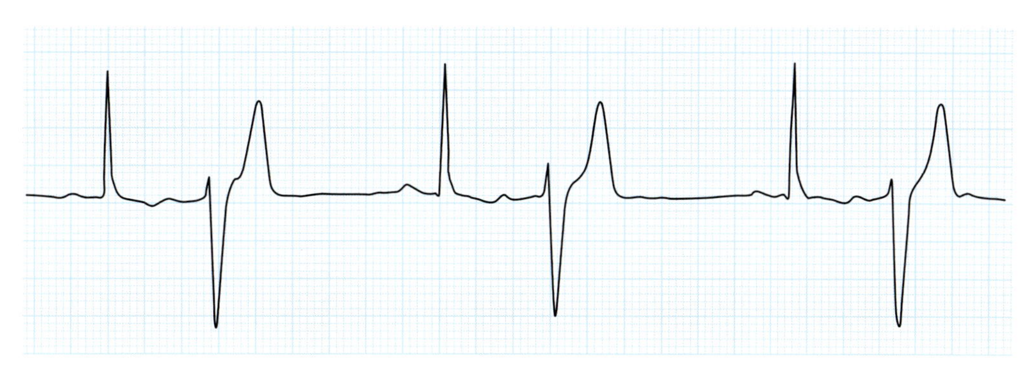

図 7-14　二段脈の心室期外収縮（Ⅱ誘導，イヌ）

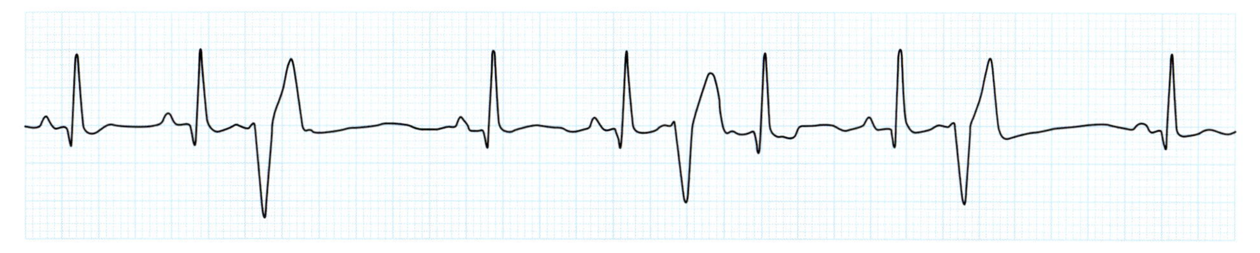

図 7-15　三段脈の心室期外収縮（Ⅱ誘導，イヌ）

合，治療対象にならないが，この不整脈の原因疾患が存在し，治療できるのであればその疾患を治療すべきである．無論，心室期外収縮が何らかの臨床徴候の原因となっているのであれば，β遮断薬，メキシレチン，リドカインなどで治療すべきであろう．臨床徴候として低血圧，元気消失，無関心などがよく見られるのに対し，心室頻拍が合併していないのであれば失神や虚脱は見られないことが多い．個人的には，心室期外収縮の発生に伴って食欲が低下し，抗不整脈薬で心室期外収縮を消失させると食欲が回復する症例を経験することがある．動物では R on T 型の心室期外収縮の発生例は少なく，その危険性は十分に調査されていないが，現状では血行動態に悪影響を及ぼしていなくても，治療対象とすべきだと個人的には考えている．

2）心室頻拍

(i) 特徴と診断法

心室期外収縮が 3 回以上連続して発生するものを心室頻拍という（図 7-12）．ヒトでは，30 秒以上持続するものを持続性心室頻拍，持続しないものを非持続性心室頻拍と呼んでいる．30 秒という基準が動物にも当てはまるかどうかは検討されていない．原因は心室期外収縮と同じである．

心室拍動数は小型犬では 180 回 / 分，超大型犬では 160 回 / 分，そしてネコでは 240 回 / 分を上回る．これ以下の場合は心室頻拍ではなく，後述する心室補充調律，促進固有心室調律，体動によるアーチファクト，右脚ブロックのような心室内の伝導異常のいずれかに該当する．このような高頻度のインパルスが心室内で発生するメカニズムとして，リエントリー，自動能の異常，撃発活動（triggered activity）などが想定されている．

既に述べたように，心室拍動数が高頻度になると，心拍出量が低下するだけでなく，冠血流量も低下する．このため，一般的には心室拍動数が高い症例の予後はそうでない症例よりもより不良と見なすべきであり，同時に治療の必要性はより高いと判断すべきである．心室頻拍出現中の QRS 群の形状は 1 種類（単形性）の場合もあれば，2 種類以上（多形性）の場合もある．

心室頻拍の診断の決め手となる心電図所見は，房室解離および心室捕捉である．

幅広い QRS 群が連続して発生した場合，心室頻拍をまっさきに疑うべきだが，脚ブ

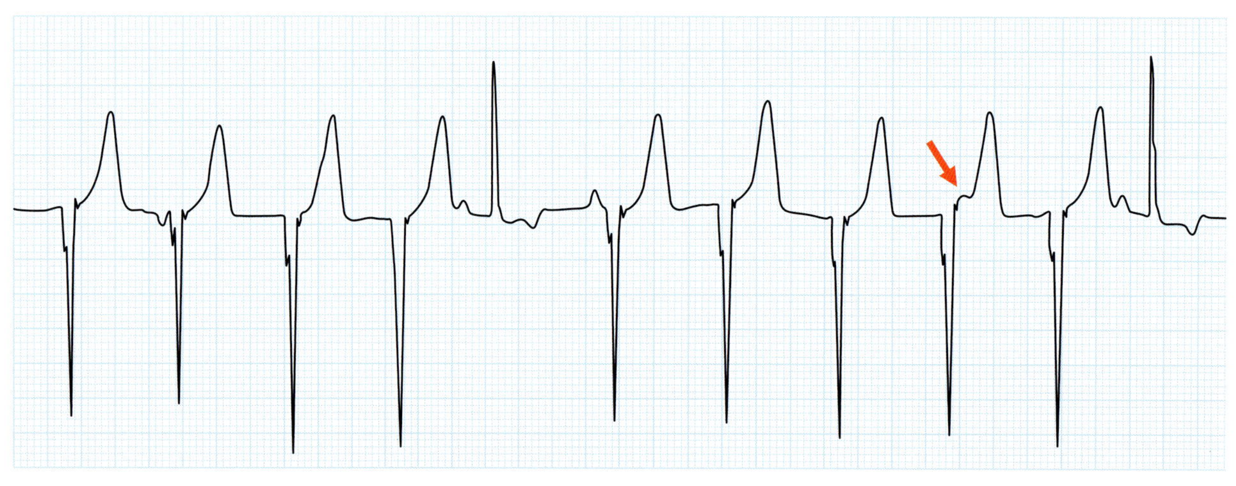

図 7-16 房室解離および心室捕捉を伴う心室頻拍（Ⅱ誘導，イヌ）
4 拍連続で心室期外収縮が発生しており，瞬時心拍数は 188 回 / 分である．この 4 拍には先行する P 波が全く見られない．洞結節は心室頻拍よりも遅い頻度でインパルスを生成し，心房を脱分極させていると考えられ，心房筋の興奮に伴う P 波は心室頻拍の QRS 群内または T 波内に埋もれている可能性がある．心室頻拍の QRS 群および T 波の形状が心拍毎に微妙に異なっているのは，P 波が QRS 群や T 波に重複するタイミングがずれているからであろう．いずれにしても，心房と心室の興奮には連携がないことから，房室解離と判断できる．5 拍目に幅の狭い QRS 群が発生しており，これには P 波が先行している．PR 間隔は 0.10 秒と参考範囲内である．これは 4 拍目の QRS 群が発生した後，心室が不応期を終了したところに心房筋を興奮させたインパルスが心室に下降して発生したと考えられ，これを心室捕捉と呼ぶ．6 拍目から再び心室頻拍が再開している．11 拍目も心室捕捉である．なお，6 拍目の QRS 群の直前に見られる陽性波は P 波と判断される．しかし，この PQ 時間は 0.06 秒と非常に短いことから，P 波を発生させたインパルスが心室に到達する前に，心室がインパルスを生成したと考えるべきである．9 拍目の QRS 群と T 波の間の矢印も P 波だと思われる（縮小して掲載）．

ロックを伴う上室頻拍（洞頻脈，上室頻拍，心房粗動など）との鑑別が必要である．房室解離および心室捕捉はこれらの不整脈を否定する根拠になるのである．

房室解離については既に述べた．心室頻拍の原因となっているインパルスが心房に逆伝導していない限り，心房の調律は洞結節に支配されている．したがって，QRS 群と P 波が全く関連せず，同期していなければ，上室頻拍は否定でき，心室頻拍と診断できる．

心室頻拍が発生している間，房室接合部の不応期が終了した時に心房からのインパルスがここに到着し，心室を興奮させることがある．この際，P 波と QRS 群は同期し，この際に発生する QRS 群の幅は心室頻拍のそれと比べて狭い．これを心室捕捉という．心室捕捉は先行する頻拍の RR 間隔から予想されるよりも早いタイミングで発生する（図 7-16）．

(ii) 治療

心室拍動数が高いことに加え，脚ブロックと上室頻拍の合併を否定することで心室頻拍と診断したら，最初に心室頻拍の発生原因，そして，この不整脈を維持する原因を捜す（心室期外収縮の原因を参照）．これらの治療にも関わらず，あるいは原因を発見または治療できない場合，リドカイン，ソタロール，メキシレチン，β 遮断薬などの抗不整脈薬を考慮する．これらの抗不整脈を最初に投与しないのは，これらの薬剤に催不整脈性があること，そしてこれらの薬剤により心室頻拍を停止させても動物の死亡リスクを有意に軽減できるというエビデンスがないためである．

3) 心室調律

(i) 心室固有調律

心室調律とは，心室で生成されたインパルスが心室運動を支配している不整脈のことである．表 2-1 に示したように，心室の生理的な自動能，つまり刺激生成頻度は 20 ～ 40 回 / 分前後である．この範囲の頻度で心室が自らの運動を支配しているものを心室固有調律と呼ぶ（なお最近の獣医学の教科書では，心

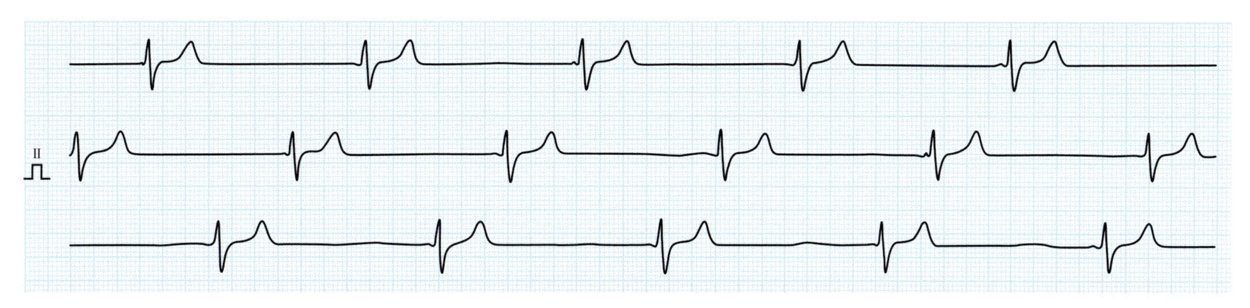

図 7-17　心室固有調律（Ⅱ誘導，イヌ）

15 秒間の連続記録．心室拍動数は 62 回 / 分と低く，QRS 群は規則的に出現している．その形状は心室期外収縮と類似しており，かつ幅は広い（持続時間は 0.08 秒）．P 波が全く認められないことから，洞結節の機能は停止しているか，あるいは洞結節が生成したインパルスが何らかの原因により心房組織に伝導していないと推測される（縮小して掲載）．

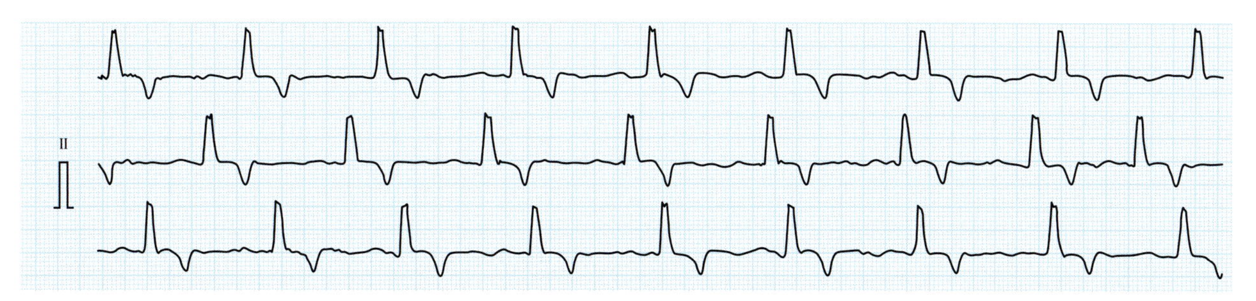

図 7-18　促進心室固有調律（Ⅱ誘導，イヌ）

15 秒間の連続記録．図 7-17 の症例と比較して，心室拍動数が 101 回 / 分と速いこと以外は同様の所見が見られる（縮小して掲載）．

室固有調律の心室拍動数の上限を 70 回 / 分と定義している）．

心室固有調律では，P 波が見られないことが多く，出現したとしても房室間伝導が遮断されていることが多い．すなわち，心室固有調律は房室解離の状態にあるとも理解できる．QRS 群は規則的に出現する（図 7-17）．イヌやネコでは，経験的には緊急症例で見られることが多く，この場合，著しい徐脈に対する緊急療法が不可欠である．ヒトでは，体外ペーシングが必要となることが非常に多いという．

(ii) 促進心室固有調律

心室拍動数が心室固有調律より高いが，心室頻拍よりも低い心室調律を促進心室固有調律という（図 7-18）．つまり，この不整脈では心室拍動数は 70 ～ 180bpm を示す（小型犬の場合）．心室拍動数以外の心電図所見および原因は，心室頻拍や心室固有調律と同じである．

心室頻拍や心室固有調律と促進心室固有調律が大きく異なるのは，極端な頻拍または徐脈に陥らないため，心拍出量を維持できる点にある．この不整脈に関連した臨床徴候が見られることはなく，このため，ヒトでは促進心室固有調律そのものに対する抗不整脈薬療法は不要とされている．しかし，この不整脈の発生および維持の原因となっている疾患や病態の治療を実施する必要があるのはいうまでもない．

(3) 上室期外収縮および関連する不整脈

1) 上室期外収縮

上室期外収縮は心房期外収縮および房室接合部期外収縮の総称である．Ⅱ誘導では，前者では先行する P' 波は陰性にならないが，後者では房室接合部で発生したインパルスが心房に逆伝導するため，P' 波は陰性を示す（図 7-19）．なお，異所性興奮により発生した P 波を P' 波と呼ぶ．

いずれにしても心室は正常に興奮するため，QRS 群の幅は狭く，洞調律の QRS 群と同じ形状を示す．また，先行する P' 波が認

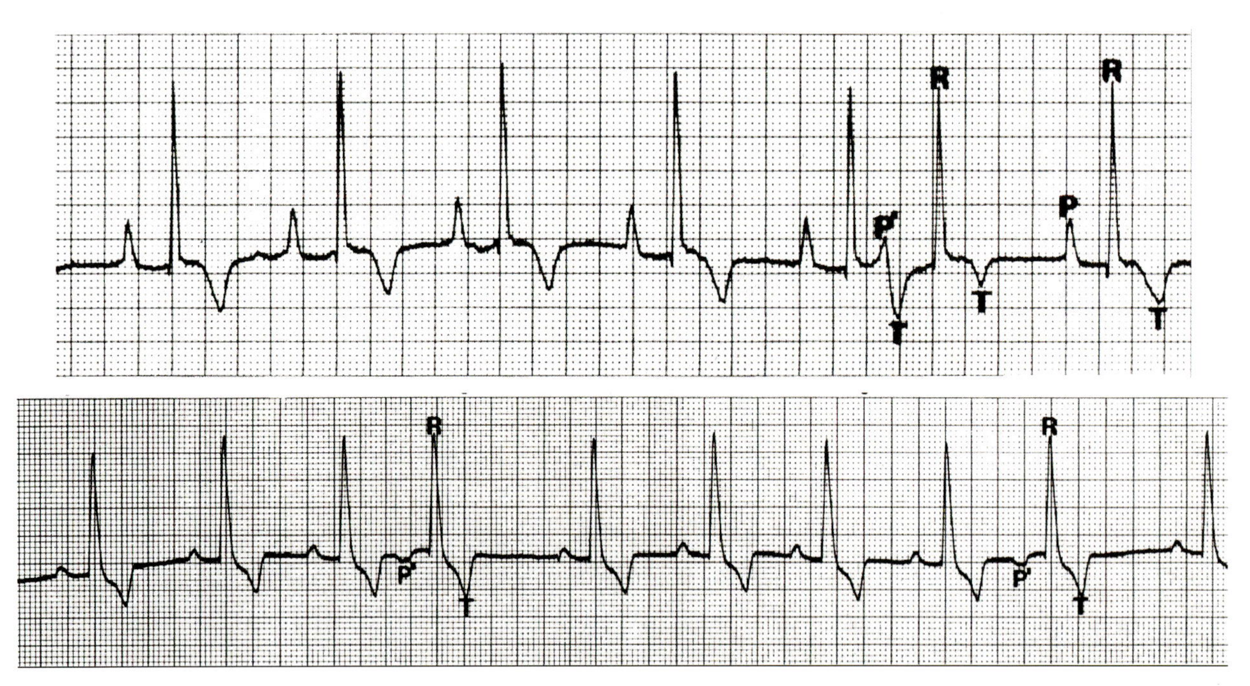

図 7-19　心房期外収縮（上段）および房室接合部期外収縮（下段）（Ⅱ誘導，イヌ）

上段：5 拍目までは洞調律である．6 拍目は予想されるタイミングよりも早期に発生していることから，期外収縮と判断できる．この QRS 群は洞調律の QRS 群と同様に幅が狭いことから，心室期外収縮は否定でき，上室期外収縮であることが判る．この上室期外収縮には P' 波が先行しており，先行する QRS 群と T 波の間に挟まれるように発生している．形状は陽性である．心房を逆伝導したのであれば，P' 波は陰性になるはずなので，心房期外収縮と判断される（縮小して掲載）．

下段：3 拍目までは洞調律である．4 拍目は，3 拍目までの RR 間隔から予想されるよりも早いタイミングで発生している．上段と同様，この QRS 群の幅は狭いが，先行する P' 波が陰性であることから，房室接合部期外収縮と判断される．9 拍目も同様である（縮小して掲載）．

Tilley, L. P., Burtnick, N. L.（1999）: ECG for the Small Animal Practitioner. p44 および 50, Teton NewMedia から許可を得て掲載.

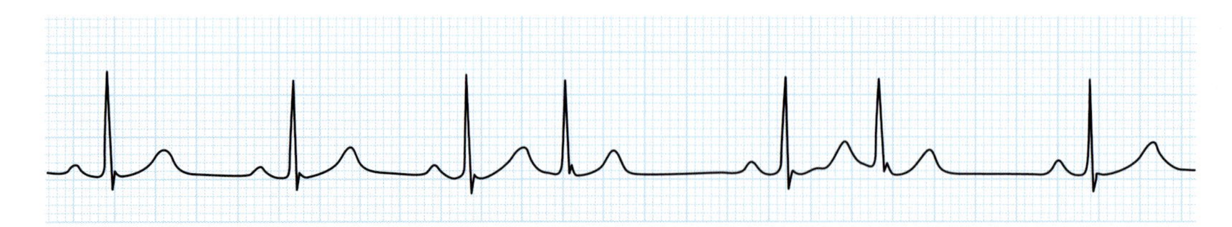

図 7-20　上室期外収縮（Ⅱ誘導，イヌ）

4 および 6 拍目の QRS 群は予想されるタイミングよりも早期に発生しており，その幅は狭いことから上室期外収縮と判断できる．しかし，これらの QRS 群と関連する P' 波が，先行する T 波の中に埋まっているため，P' 波の形状を評価できず，インパルスの発生源が心房か房室接合部かは判断できない．

められない場合もあり，この際にはインパルスの発生部位を心房か房室接合部に鑑別することはできない（図 7-20．コラムも参照）．血行動態に及ぼす影響は両者で同じであることもあり，この 2 者は上室期外収縮と一括して扱われることが多い．

心室期外収縮は健康な動物でも発生することがあるが，経験的には上室期外収縮は心房が高度に拡大した心臓病の症例で発生することが非常に多いと感じており，このような症例での上室期外収縮の大部分が心房期外収縮だと思われる．このような症例では，当初は散発性で，かつ単発で上室期外収縮が発生するが，心臓病の悪化，つまり心房拡大の進行に伴って連続的に発生するようになり，やがては上室頻拍や心房細動に発展することが多いと筆者は感じている．加えて，血管肉腫などの心臓腫瘍，ネコの甲状腺機能亢進症，ジギタリス中毒，その他の全身性疾患に関連して発生することが報じられている．

一般に，上室頻拍に発展しない限り上室期外収縮は血行動態に悪影響を及ぼさず，このためこの不整脈に対して抗不整脈薬療法を行う必要はない．しかし，この不整脈を発生および維持させる原因に対する治療は必要で，可能な限り実施すべきである．

2）上室頻拍

かつては，上室頻拍といえば心房頻拍および房室接合部性頻拍の2者を指したが，最近では，心室以外の部位を原因とする頻拍，つまりこの2者に加えて洞頻脈，心房細動，心房粗動などを含めて上室頻拍と呼ぶこともある．本書では，洞頻脈，心房細動および心房粗動は既に解説済みなので，ここでは心房頻拍および房室接合部性頻拍について解説する．

(i) 心房頻拍

ヒトでは心房頻拍は，心房内でのリエントリー回路，連続的な異所性インパルスの生成，あるいは心房瘢痕部でのマイクロリエントリー回路により発生するといわれている．心拍数はイヌでは160～180回/分，ネコでは240回/分を上回る．この不整脈は間欠的（発作性）に発生することもあるが，持続性の場合もある．

心房期外収縮が3拍以上連続すると心房頻

コラム

これは心室期外収縮？

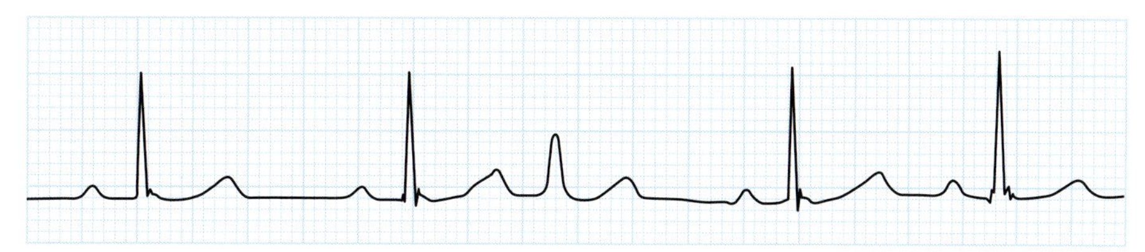
（Ⅱ誘導，イヌ）

中央の1拍以外の心電図波形は全て正常で，洞調律である．それでは，3拍目は何であろう？

予想されるタイミングよりも早期に発生していること，洞調律のQRS群よりも幅が広いことから，心室期外収縮と診断できそうである．このQRS群持続時間は0.06秒で，イヌでの心室期外収縮の診断基準（QRS群持続時間>0.07秒）と合致しない．しかし，上室期外収縮と考えると，QRS群持続時間が他の洞調律のQRS群のそれよりも長いことが説明できない．

では，どう考えればよいであろう？

これは心室内変行伝導を伴う心房期外収縮と考えられる．

1，4および5拍目のそれと異なり，2拍目のT波の振幅がやや高いことに注目しよう．

2拍目のT波が発生した時期に，上室期外収縮（おそらく心房期外収縮）が発生した．この時に発生したP' 波が2拍目のT波と重複し，他の洞調律のT波と異なる形状に変化させた．房室接合部期外収縮ではP' 波は陰性を示すため，これと先行するT波が重複すると，洞調律のT波よりもT波の振幅は小さくなると考えられる．このため，この波形は心房期外収縮の可能性の方が高い．心房を興奮させたインパルスは心室組織に伝導する．この時，アッシュマン現象が発生したと考えられる．

1および2拍目のRR間隔は比較的長いといえる．先行するRR間隔が長いと，不応期も長くなるという現象をアッシュマン現象という．加えて，刺激伝導系の不応期の時間は一様ではなく，右脚の不応期は長い傾向にある．2拍目のQRS群が発生し，心室が不応期を迎え，そして徐々に不応期が終了する頃に，房室接合部からインパルスが心室内に伝導すると，右脚の脱分極が遅れる分，QRS群持続時間が長いQRS群が発生する．このような現象を心室内変行伝導という．

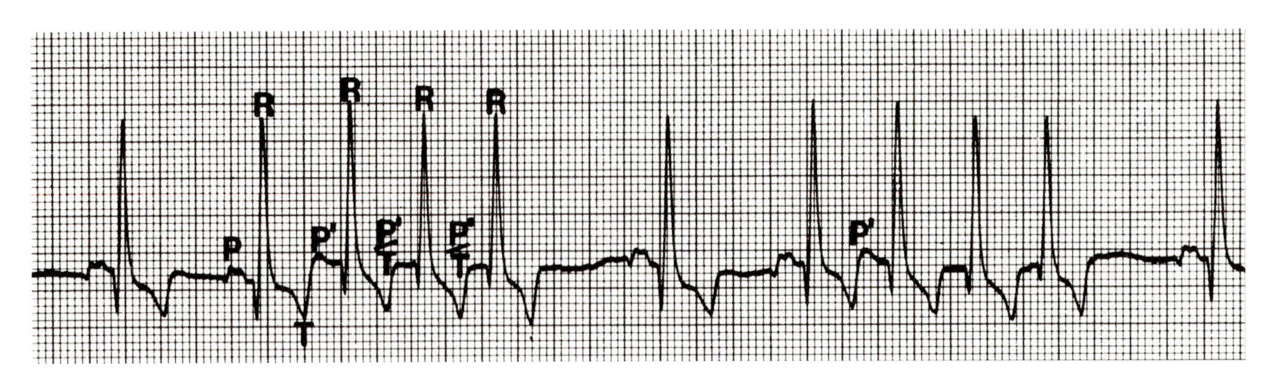

図 7-21　心房頻拍（Ⅱ誘導，イヌ）

２拍目までは洞調律である．３拍目から突然 RR 間隔が短縮し，３～５拍目の瞬時心拍数は 300 回 / 分である．P' 波と心房頻拍の QRS 群の間隔が変動していることに加え，RR 間隔が変動しているため，P' 波の見え方が心拍毎に異なっている．その後，洞調律が２拍続き，心房頻拍が再発している（縮小して掲載）．
Tilley, L. P., Burtnick, N. L.（1999）: ECG for the Small Animal Practitioner. p46, Teton NewMedia から許可を得て掲載．

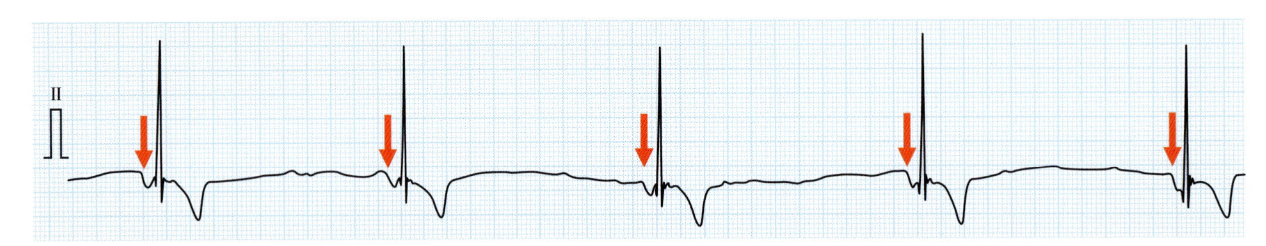

図 7-22　促進房室接合部調律（Ⅱ誘導，イヌ）

房室接合部期外収縮が３拍以上連続して発生しており，心室拍動数は 65 回 / 分だったことから，促進房室接合部調律と診断した．P' 波（矢印）が QRS 群の直前に発生していることから，房室接合部の心房に近い部位がインパルスを生成していると考えられた．また，心拍毎に P'Q 時間が変動していることから，インパルス生成部位が移動している可能性も考えられた（縮小して掲載）．

拍と呼ぶ（図 7-21）．この不整脈では，洞調律の P 波とは形状が異なる P' 波が見られるが，P' 波を容易に発見できない場合もある．また，P'Q 間隔は一定でない．房室接合部に高頻度にインパルスが到着するため，房室接合部は頻繁に不応期を迎える．房室接合部が不応期に入っている時にインパルスが到着しても，心室にはインパルスは伝導されないため，房室ブロックを伴うこともある．脚ブロックや心室内の伝導異常が存在しない限り，QRS 群の形状は洞調律の QRS 群のそれと同じである．心房頻拍の原因は心房期外収縮と同じだが，特に心房が重度に拡大している症例で見られることが多い．

治療として，ジルチアゼム，ジゴキシン，β 遮断薬などの薬物療法が行われる．加えて，後述する迷走神経刺激法により効果的に消失させることもできる．

(ii) 房室接合部調律

表 2-1 に示したように，房室接合部は 40 ～ 60 回 / 分程度のインパルスしか生成できない．このため，何らかの原因により房室接合部で生成されたインパルスが心調律を支配すると，心室拍動数はこの範囲内に固定される．しかし，時として 60 ～ 100 回 / 分程度に達する場合があり，促進房室接合部調律と呼ばれる．

心房頻拍と同様，QRS 群の幅は狭く，その形状は洞調律の QRS 群と同様である．房室接合部で生成されたインパルスは心室に下降して心室を興奮させるいっぽうで，心房内を逆伝導する．このため，この不整脈では P' 波は陰性を示す（図 7-22）．P'Q 間隔は房室接合部内のインパルス生成部位により異なる．すなわち，心房に近い房室接合部内でインパルスが生成されれば，短時間で心房を逆伝導するため，P' 波は QRS 群の前に出現す

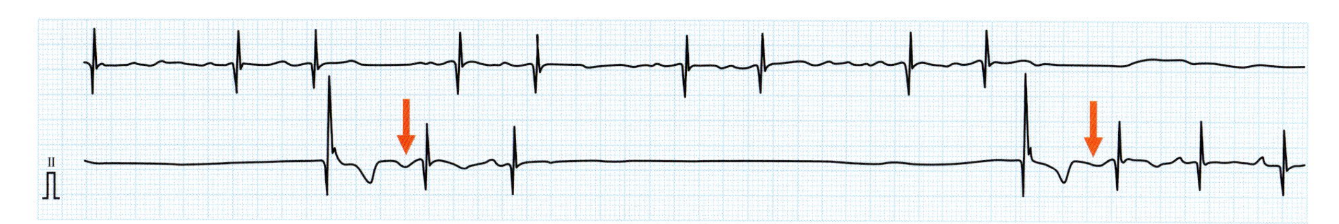

図 7-23　心室補充収縮（Ⅱ誘導，イヌ）
10 秒間の連続記録．上段では合計 9 拍の洞調律が出現している．この心電図は 1mV = 5mm という条件で記録されているため，P 波が見にくいかも知れないが，各 QRS 群と関連する P 波が見られる．9 拍目の発生後，2.2 秒間にわたって心停止が見られ，下段の 1 拍目に持続時間が 0.08 秒の心室期外収縮とよく似た QRS 群が発生している．この QRS 群には P 波が先行していないため，ますます心室期外収縮と思えるかも知れない．しかし，「予想されるタイミングよりも早く発生する」という期外収縮の基準とは完全に矛盾する．これは本文でも述べたように，心室補充収縮である．下段の 3 拍目以降にも 2.1 秒間の心停止が見られ，その後にも心室補充収縮が発生している．2 拍の心室補充収縮後に最初に発生した QRS 群の形状は洞調律の QRS 群のそれと同じである．これらの QRS 群には陰性 P 波のような波形が先行している（矢印）．これらの波形は房室接合部期外収縮の可能性がある．もう 1 つの考え方として，心室補充収縮を発生させたインパルスが房室接合部を介して心房を逆伝導し，陰性の P' 波を発生させた可能性もある．さらに，房室結節内に到達したインパルスは心房を逆伝導するいっぽうで，インパルスの一部は方向を変えて心室にも進み，改めて心室を脱分極させたために，幅の狭い QRS 群が発生したとも考えられる．ちなみに，心室で発生したインパルスは房室接合部に逆伝導しても，この部位でインパルスは消滅してしまい，心房を逆伝導することは通常は少ない（縮小して掲載）．

る．これに対して，インパルス生成部位が心室に近ければ（つまり心房からは遠ければ），心房の逆伝導に時間がかかるため，QRS 群と T 波の間に発生する．この中間がインパルス生成部位であれば，P' 波は QRS 群と重複して確認することはできない．

ヒトでは，（促進）房室接合部調律は急性心筋梗塞，ジギタリス中毒，電解質異常などに続発することが多いとされている．これに対して，動物ではこの不整脈の原因は十分に調査されていない．（促進）房室接合部調律はいわば補充収縮の一種であり（後述），この不整脈自体は治療対象にならないが，原因疾患は治療すべきである．

4 期外収縮と類似した不整脈

（1）補充収縮および補充調律

何らかの理由により洞結節が刺激生成を停止した場合，あるいは洞結節が生成したインパルスが心室に到達しなかった場合，房室接合部や心室組織が自らインパルスを生成し，心室を拍動させることがある．これは長時間の心停止から逃れるための生理的現象で，この機序で発生した心拍動を補充収縮と呼ぶ．房室接合部がインパルスを生成した場合には房室接合部補充収縮，そして心室の場合には心室補充収縮とそれぞれ呼ぶ．補充収縮が 2 回以上連続した場合，補充調律と呼ぶ．

補充収縮や補充調律では，QRS 群の形状は房室接合部性期外収縮や心室期外収縮のそれと同一である．しかし，予想されるタイミングより早期に発生する期外収縮とは異なり，補充収縮や補充調律は先行する RR 間隔よりも長い間隔をおいて発生する（図 7-23）．

補充収縮で注意しなければならない点は，これは長時間の心停止を回避するための代償反応ということである．つまり治療してはならない，換言すると消失させてはならない不整脈である．このため，補充収縮を房室接合部期外収縮または心室期外収縮と誤診して，これらの自動能を抑制する抗不整脈薬を投与してはならない．補充収縮や補充調律が発生するのは長い心停止の後で，この心停止の原因は可能な限り究明し，治療すべきである．

（2）副収縮

期外収縮の項で述べたように，期外収縮による QRS 群とそれに先行する洞調律の QRS 群との間隔を連結期（または連結時間）といい，これは個体毎に一定である．図 7-24 に示した心電図は一見すると，＊印を付した

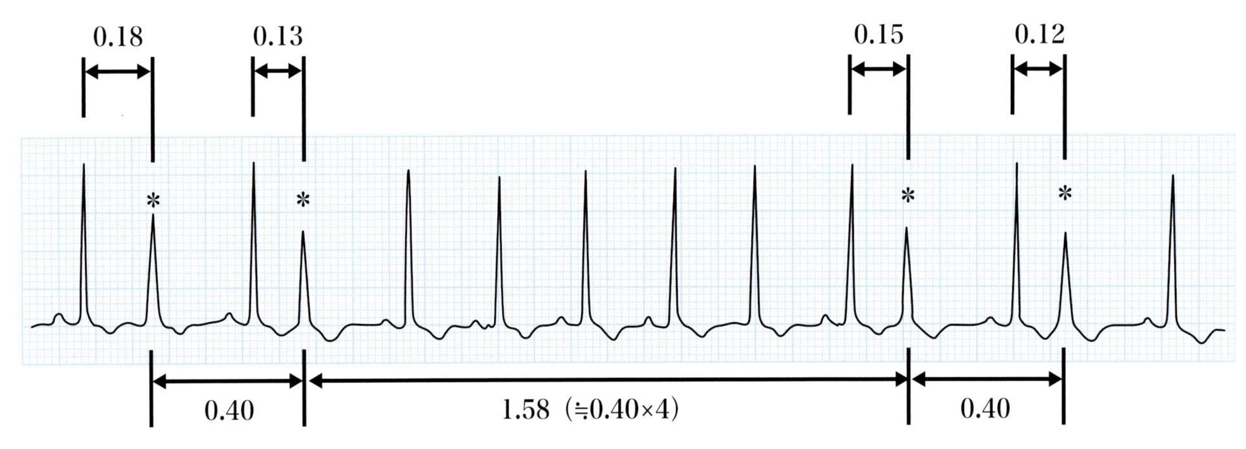

図 7-24　副収縮（Ⅱ誘導，フェレット）
詳細は本文参照．竹村ら（2008）：日獣会誌，61，386-389．許可を得て掲載．

QRS 群は心室期外収縮に見える．しかし，連結期は 0.12 ～ 0.18 秒と一定でないため，心室期外収縮の基準に合致しない．さらに，これら 4 拍の異常 QRS 群の間隔を見ると，1 および 2 拍目，そして 3 および 4 拍目の間隔はいずれも 0.40 秒と同じである．さらに，2 および 3 拍目の間隔は 1.58 秒であり，これは 0.40 秒のほぼ整数倍である．このように，連結期が不定で，かつ期外収縮のように見える QRS 群の間隔が最短の期外収縮間の整数倍である不整脈を副収縮と呼ぶ．

副収縮の原因は心室の一定リズムの興奮であることが大部分で，房室接合部結節が原因になることはほとんどない．いずれにしても，動物では珍しい不整脈であるが，心室期外収縮と診断する前に，副収縮の可能性を念のため疑うようにしよう．

副収縮では，洞結節と心室がそれぞれ独立して一定のリズムでインパルスを生成する．心臓内に 2 カ所の刺激生成部位が存在する場合，心調律を支配するのは刺激生成頻度が高い部位である．副収縮では，洞調律が生成したインパルスにより心室が脱分極して不応期を終えた後に，タイミングよく心室が生成したインパルスが心室を興奮させることで発生する．副収縮の治療は不要である．

なお，洞結節で生成されたインパルスが心房を介して下降し，さらに心室で発生したインパルスが心室を上行すると，この 2 つのインパルスが衝突し，洞調律と心室期外収縮の中間的な形状の QRS 群が発生することがある．これを融合収縮という（図 7-25）．

上述したように，洞結節で生成されたインパルスと，心室で生成されたインパルスが心室内で衝突して発生するパターンが最も多く，このタイプの融合収縮を特に心室融合収縮と呼ぶ．この場合，QRS 群の向きは洞調律の QRS 群と同じで，持続時間は心室期外収縮と同様に幅広くなる．ちなみに，後述するウォルフ･パーキンソン･ホワイト（WPW）症候群で見られる QRS 群は，融合収縮の一種と見なすことができる．心室期外収縮が融合収縮を伴っている場合，それは期外収縮ではなく副収縮の可能性が高い．

(3) 脚ブロック

右脚または左脚での伝導の遅延または完全な遮断により生じる不整脈である．このような伝導異常が発生する部位は 1 カ所の場合もあれば，複数の場合もある．かつては診断基準が緻密に設定されていたが，筆者の知る限り，この基準が適切に検証されたことはなかった．加えて，左脚ブロックの原因部位をさらに前束枝または後束枝に鑑別しても，臨床的な対応は同じであり，同時に本書の執筆方針に鑑みて，これらの詳細な解説は省略した．

脚ブロックでは心室筋の全体的な興奮に時

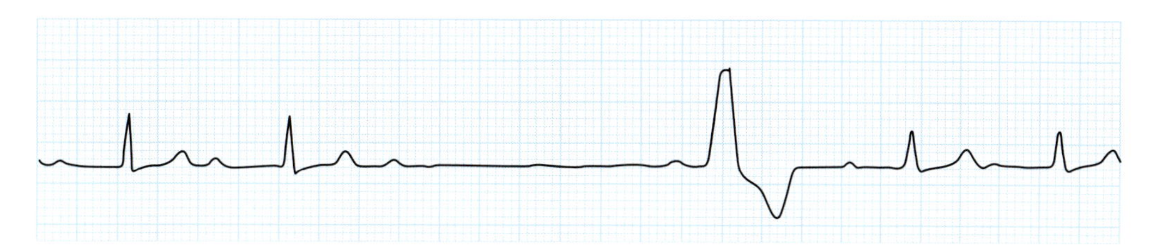

図 7-25　融合収縮（Ⅱ誘導，イヌ）

最初の 2 拍では P と QRS 群は 1：1 の関係を保っており，かつ PR 間隔は同じだが，0.18 秒と延長している．2 拍目の T 波出現後にも P 波が発生しているが，その後に QRS 群が発生してない．以上の所見からまず第 2 度房室ブロック（モビッツⅡ型）と診断できる．この後，やや長い休止期を経て P 波，そしてこれに続いて振幅が大きく，かつ持続時間が長い QRS 群が発生している．心室内での異所性インパルスが原因で発生したことは間違いないが，これは発生タイミングから心室期外収縮ではないことは明らかである．この PR 時間は 0.10 秒と，最初の 2 拍よりも短い．心房を興奮させたインパルスは心室内に伝導し，さらに補充収縮を発生させるために心室内でもインパルスが生成され，この 2 種類のインパルスが心室内で衝突してこの波形を発生させたと考えられる．このような不整脈を融合収縮という．

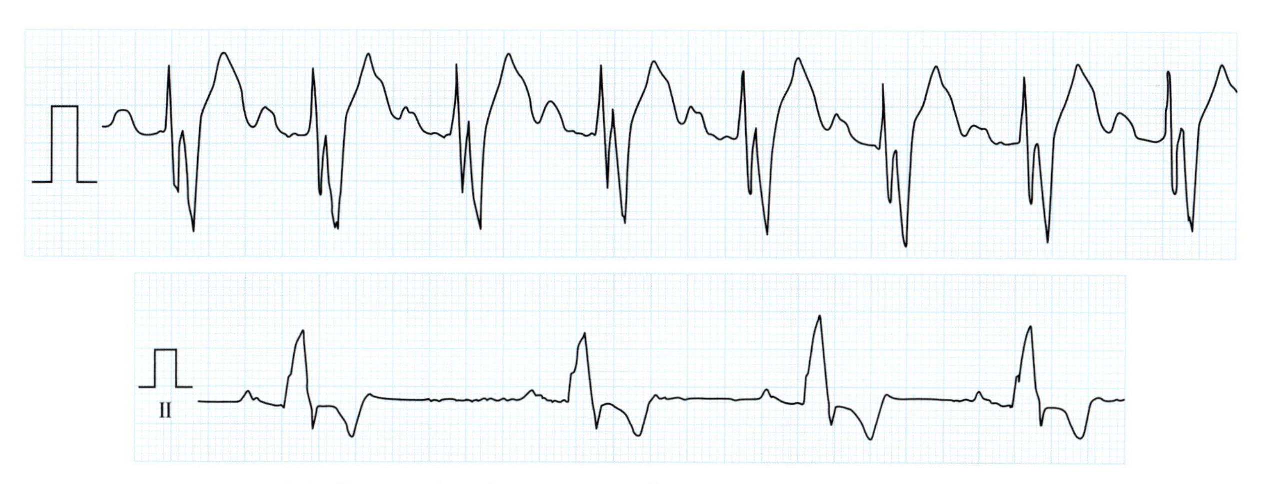

図 7-26　右脚ブロック（上段）および左脚ブロック（下段）（いずれもⅡ誘導，イヌ）

QRS 群持続時間はいずれも 0.10 秒と延長しているため，一見すると心室期外収縮が連続して発生しているとも思える．しかし，両者共に P 波が一定間隔で先行していることから，心室期外収縮の診断基準と矛盾する（なお，いずれも PR 間隔は 0.14 秒であることから，第 1 度房室ブロックが合併していることが判る）．つまり，この両者は脚ブロックの基準を満足している．右脚ブロックおよび左脚ブロックの鑑別法は本文参照．

間を要するようになるので，QRS 群持続時間は大幅に延長する（イヌ >0.07 秒，ネコ >0.06 秒）．この変化は右脚ブロックおよび左脚ブロックに共通して見られ，脚ブロックの特徴，つまり診断基準の 1 つである．右脚ブロックと左脚ブロックの違いは，Ⅱ誘導での QRS 群の極性（向き）である．すなわち，QRS 群の最大波形が右脚ブロックでは陰性（下向き），そして左脚ブロックでは陽性（上向き）を示す（図 7-26）．

脚ブロックの原因は心臓の器質的病変であることが多いとされ，具体的には心室の肥大，拡張および炎症が挙げられる．いずれにしても，脚ブロックでは右心室筋または左心室筋の興奮・収縮が正常よりも若干遅れるだけなので，この不整脈自体は血行動態に悪影響を及ぼすことはなく，治療対象にならない．

脚ブロックに関して留意すべきことが 2 点ある．

第 1 に，右脚ブロックと左脚ブロックとでは臨床的な対応が異なる点である．一般に，右脚ブロックは通常は動物の血行動態や予後に影響しない「安全な不整脈」である．これに対して，左脚ブロックは左心室拡大に関連することが非常に多く，この拡大による悪影響が動物に生じているのであれば対応を要する．

もう 1 つの留意点は，脚ブロックは心室頻

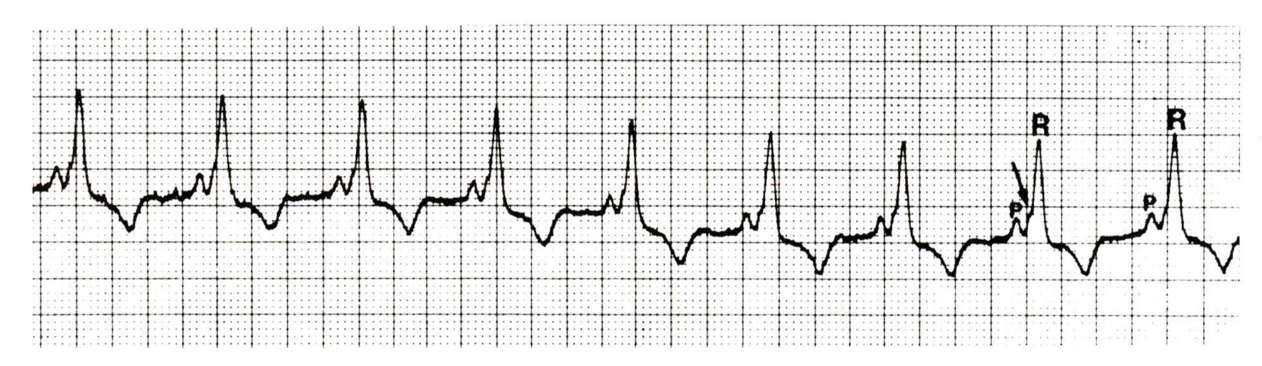

図 7-27　ウォルフ・パーキンソン・ホワイト（WPW）症候群（Ⅱ誘導，ネコ）
PR 間隔は 0.04 秒と著しく短縮しており，矢印で示したデルタ波が QRS 群の立ち上がり部分に認められる（縮小して掲載）.
Tilley, L. P., Burtnick, N. L.（1999）: ECG for the Small Animal Practitioner. p70, Teton NewMedia から許可を得て掲載.

拍などの「安全ではない不整脈」と誤診されやすい点である．幅広い QRS 群が連続して発生していた場合，心室頻拍や心室固有調律といった心室不整脈を必ず疑うべきである．しかし，心室頻拍の項でも述べたように，心室不整脈と診断する前に，脚ブロックでないことを必ず確認しなければならない．脚ブロックでは，心臓全体の調律は洞結節で生成されたインパルスに支配されている．このため，脚ブロックでは P 波と QRS 群の関係は正常に保たれている，つまり P 波と QRS 群の数は 1：1 で，かつ PQ 間隔は一定である．

5 早期興奮症候群

正常であれば，房室接合部は心房から心室へインパルスを伝導させる唯一の経路である．しかし，房室接合部以外に心房・心室間のインパルス伝導を可能にする異常経路が存在する場合があり，この異常経路を副伝導路という．

副伝導路のインパルス伝導速度は房室接合部のそれよりも速く，このため心房を興奮させたインパルスは通常よりも早期に心室を興奮させる．この際，副伝導路を介したリエントリー回路が成立すると，心拍数は異常に速くなる（イヌでは 300 回 / 分，ネコでは 400 ～ 500 回 / 分を超えると指摘する専門家もいる）．無論，このような高度な頻拍では失神などの臨床徴候が見られる．

副伝導路には様々な種類があるが，心室がより早期に興奮する点は共通しているので，早期興奮症候群と一括されている．副伝導路のうち，動物ではケント束の報告が最も多く，この副伝導路により発生する不整脈をウォルフ・パーキンソン・ホワイト（WPW）症候群という．

WPW 症候群の心電図の特徴は，PQ 間隔が短縮していること，そしてデルタ波と呼ばれる波形の存在である．これらはいずれもケント束による心室の早期興奮により説明できる．すなわち，心房を興奮させたインパルスはケント束を介して早期に心室を興奮させるため，PQ 間隔はイヌでは 0.06 秒未満に，そしてネコでは 0.05 秒未満に短縮する．さらに QRS 群の立ち上がりが早くなる．この早い立ち上がりの部分で見られる波形がデルタ波である（図 7-27）．

WPW 症候群は動物の早期心室興奮症候群では最も発生が多いが，不整脈全体から見ると非常に珍しい．頻拍を伴わない，つまり臨床徴候を伴わない症例では治療不要とされている．しかし，臨床徴候を伴う症例に関しては，これまでの症例数が少なく，治療法は十分には検討されていない．

6 洞不全症候群

その名の通り洞結節が機能不全に陥り，重度な洞徐脈や洞房ブロックなどが発生し，失

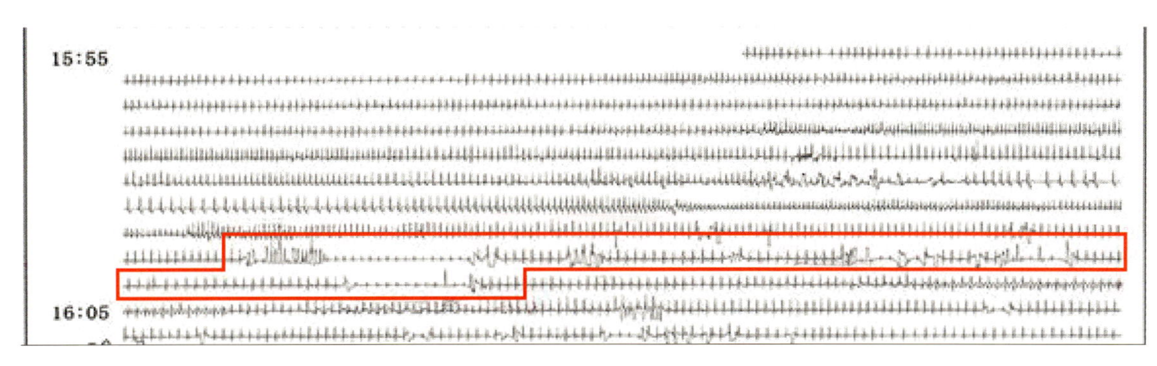

図 7-28　長時間（ホルター）心電図検査（MX 誘導，イヌ）
赤で囲まれた時刻に症例は失神したことがこの検査により確認できた．

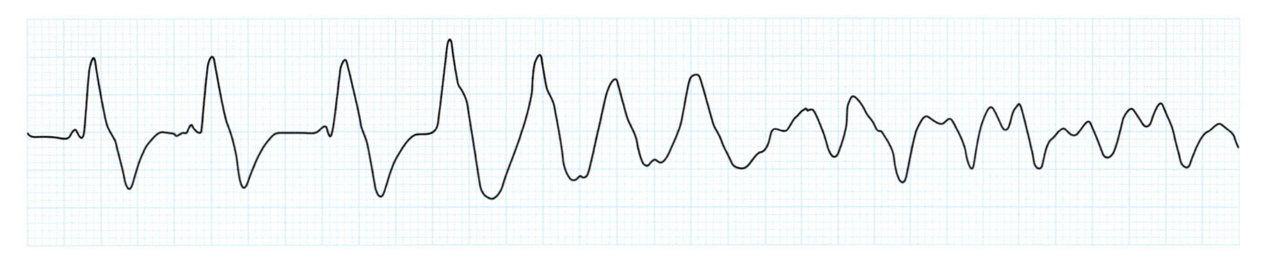

図 7-29　心室細動（Ⅱ誘導，イヌ）
最初の 3 拍は促進心室固有調律で，瞬時心拍数は 83 ～ 94 回 / 分である．次の 4 ～ 7 拍目に瞬時心拍数は 136 回 / 分に上昇した．これ以降の心電図波形は混沌としており，心室細動に移行したと判断できる．

神や虚脱などの臨床徴候を伴う疾患である．この疾患は雌のミニチュア・シュナウザーで多発するとされているが，様々な犬種で報告されている（これに対してネコでは極めて珍しい）．

洞不全症候群は心電図所見によりいくつかに分類されるが，このうちイヌでは，徐脈と頻脈を繰り返す徐脈頻脈症候群と呼ばれるタイプが最も多発している．関連する臨床徴候は徐脈時にも頻脈時にも見られる．診断には長時間（ホルター）心電図検査を実施し，臨床徴候が発生した時間帯に徐脈または頻脈が発生していたことを確認する必要がある（図 7-28）．

洞不全症候群の最も効果的な治療法は，人工ペースメーカの設置だが，高額であることから，この治療法を選択できない家族も多い．このような症例では，心拍数を上昇させるためにかつてはテオフィリンなどが用いられたが，治療成績は芳しくない．最近では，シロスタゾールが用いられることが多く，おそらくテオフィリンよりも失神の頻度を軽減すると思われる．

7 心室細動

心室筋が全く調和のとれていない無秩序な状態で興奮している状態で，有効な収縮が行われず，臨床的には事実上の心停止を意味する重篤で迅速な緊急療法を要する不整脈である（図 7-29）．

エピネフリンが一般に推奨されるが，経験的には重篤な疾患が原因で心室細動が発生した場合，心室細動を回復させること（これを除細動と呼ぶ）は困難である．すなわち，電気的除細動器による DC カウンターショックが必要になることが多い．

8 その他の心電図異常

以下に述べる低電位 QRS 群および電気的交代脈は厳密には不整脈ではないが，伴侶動物医療に従事する獣医師としては知っておくべきもので，同時に緊急的な対応を必要とする場合があるため解説することとした．加え

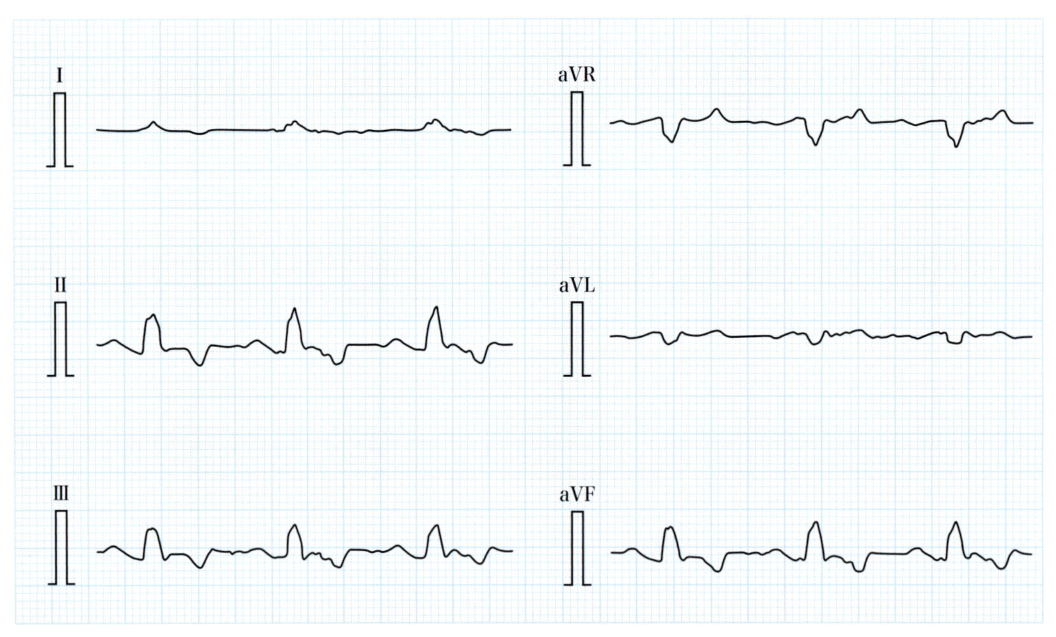

図 7-30　低電位 QRS 群（標準肢誘導，イヌ）

左段：上からⅠ，ⅡおよびⅢ誘導．右段：上から aVR，aVL および aVF 誘導．全ての誘導で R 波の振幅は 0.5mV 未満である．この症例では，うっ血性心不全による胸水貯留が認められ，これが低電位 QRS 群の原因と考えられた．

て，臨床現場で頻繁に見られる高カリウム血症に伴う心電図異常についても述べる．

（1）低電位 QRS 群

全ての誘導で QRS 群の振幅が低下することがあり，これを低電位 QRS 群という．Ⅰ，Ⅱ，Ⅲおよび aVF 誘導での R 波の振幅が 0.5mV 未満を示す場合，低電位 QRS 群と判断する（図 7-30）．

QRS 群が低電位になる原因として，理論的には，①心臓内で発生するインパルス（ベクトル）の数が少なくなる，または短くなる，そして②心臓内でインパルスは正常に生成されているが，電極が装着された体表に到達するまでの間に，何らかの原因によりインパルスが減衰する，の 2 つの可能性が考えられる．

①の原因として，心筋の梗塞，線維化，腫瘍，浮腫などに加え，心筋量の減少が挙げられるが，これらが実際に低電位 QRS 群の原因になることはまれだと思われる．

②の原因として，心膜液貯留，肺疾患（肺水腫，肺気腫，肺炎），肥満，気胸，胸水などが挙げられ，医療現場では①よりも極めて頻繁に見られる．

詳しい機序は不明だが，低電位 QRS 群は時として健康なイヌでも見られることがある．これに対して，ネコでは健康であっても QRS 群が低電位であることが非常に多い．

低電位 QRS 群自体に対する治療は不要だが，この原因に対する治療は必要である．特に心膜液貯留は心室拡張を障害し，心室充満量を低下させ，場合によっては心拍出量を激減させ致命的な経過を辿るので，早急な心膜穿刺による心膜液吸引が必要である．また，胸水の症例も同様で，胸水が明白な呼吸困難を引き起こしているのであれば，早急な穿刺および吸引が必要である．

（2）電気的交代脈

低電位 QRS 群と並んで，心膜液貯留に関連して認められる心電図異常である．心臓全体の調律は洞結節で生成されたインパルスに支配されているため，心電図は洞調律を示すが，振幅が大きな QRS 群と小さな QRS 群が交互に出現する（図 7-31）．これは，心膜液が貯留したために，心拍毎に心臓が揺れ，平均電気軸が変化するためである．

経験的には，低電位 QRS 群よりも心膜液

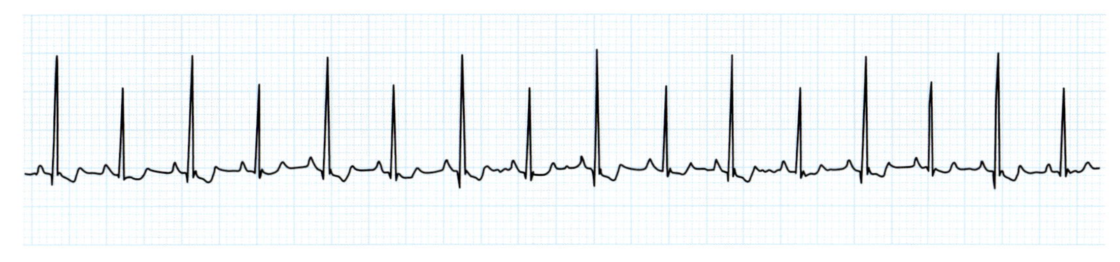

図 7-31　電気的交代脈（Ⅱ誘導，イヌ）
記録されている心電図波形は，全て洞調律の基準を満たしている（心拍数は 160 回 / 分．1 秒＝ 25mm という条件で記録されていることに注意）．振幅が高い QRS 群と低い QRS 群が交互に出現している．これは心膜液が貯留して，心拍毎に平均電気軸が交代するためである．心タンポナーデに陥っている症例では，特に迅速な心膜液の吸引抜去が必要である．

が大量に貯留した際にこの異常が見られることが多く，心膜液を早急に吸引する必要がある．心膜液は心不全，心臓腫瘍，心膜炎などで貯留し，これらは全て治療法が異なるため，心膜液を吸引して血行動態を安定させた後は，吸引した心膜液の検査および心臓の画像診断により心膜液貯留の原因を鑑別しなければならない．

（3）高カリウム血症

一般に，血清カリウム濃度の上昇に伴って以下の心電図変化が見られるといわれているが，必ず認められるとは限らない点に注意しよう．

血清カリウム濃度が 5.5mEq/l を超えると，T 波の振幅が高くなり，尖った形状を示す（テント状 T 波という）．この濃度が 6.5mEq/l を超えると，R 波の振幅が低下し，PQ 間隔および QRS 群持続時間が延長し，ST 部分が変化する．7mEq/l を超えると，P 波の振幅が低下し，持続時間が延長し，PQ 時間および QRS 群持続時間はさらに延長するなどの変化が見られる．血清カリウム濃度が 8.5mEq/l を超えると，P 波が消失し，多くの場合で心拍数は 40 回 / 分未満に低下する（図 7-32，33）．この状態を心房静止と記載する獣医学の解説書が多いが，この点に関しては後述する．10mEq/l を超えると，QRS 群持続時間はさらに延長し，心室粗動や心室細動に至る（図 7-29）．

これらの心電図変化はそれぞれのカリウム濃度で絶対に生じるものではなく，血清カリウム濃度の上昇速度，高カリウム血症の原因疾患などの影響も受けると思われる．

心房静止では，心房の筋肉運動だけでなく，電気的活動が全く見られない．ヒトでは，心房にび慢性病変が存在すると発生し，加えてジギタリスを代表とする各種薬剤，血清電解質異常が原因になることもある．心房静止では，心房は洞結節で生じたインパルスは心室に伝導されないため，心室拍動は房室接合部以下の部位が生成したインパルスに支配される．このため，心室拍動数は著しく低下する．

ヒトでは，高カリウム血症に伴って見られる心電図異常は心房静止ではなく，洞室調律と記載されている．

洞室調律とは，心房は洞結節が生成したインパルスを心室に伝導するが，心房筋は収縮しない状態をいう．すなわち，カリウムに弱い心房筋が高カリウム血症のために興奮も収縮もできなくなる．このため，P 波は出現せず，心エコー図検査でも P 波の拍動は認められない．洞室調律では，心調律を支配するのは洞結節であるため，心拍数は低下しない．

動物では，心房静止と洞室調律の鑑別に不可欠な心房内心電図マッピングという特殊な検査が実施されないため，高カリウム血症に伴って見られる心電図異常は心房静止なのか，あるいは洞室調律なのかは鑑別できない．

経験的には，高カリウム血症では心拍数が低下する症例もあるいっぽうで，低下しない症例もある．高カリウム血症が見られ，かつ

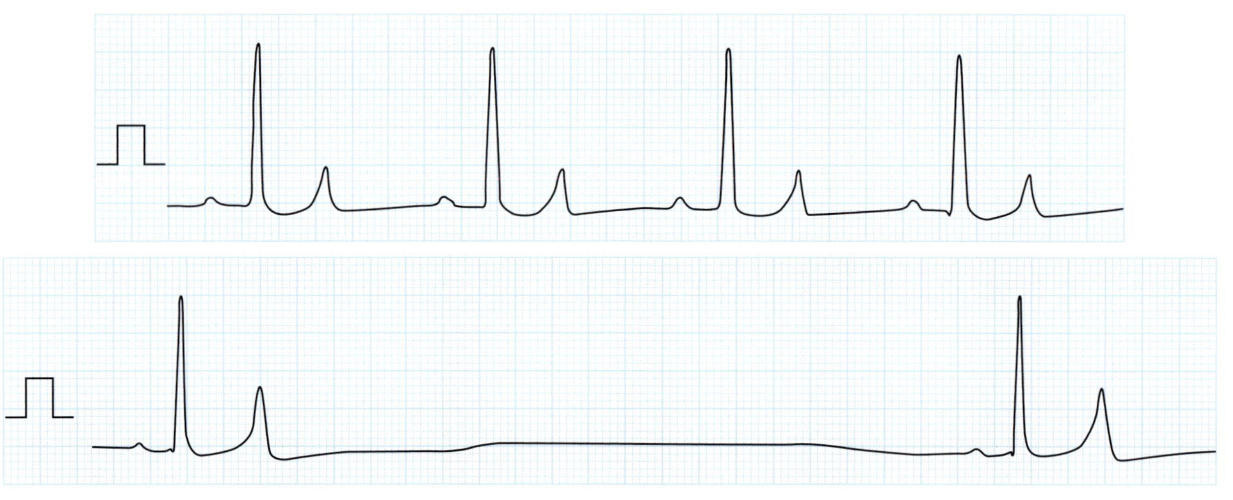

図 7-32　高カリウム血症に伴う心電図変化（1）（Ⅱ誘導，イヌ）

上段：高カリウム血症に陥る約 2 カ月前の心電図．心拍数は 93 回 / 分で，正常洞調律だった．
下段：原因不明の無尿性急性腎不全で来院した直後の心電図．この段階で血清カリウム濃度は 5.9mEq/l だった．心拍数は 59 回 / 分で，T 波が尖ったテント状を示している．また，P 波の振幅が小さくなっている．

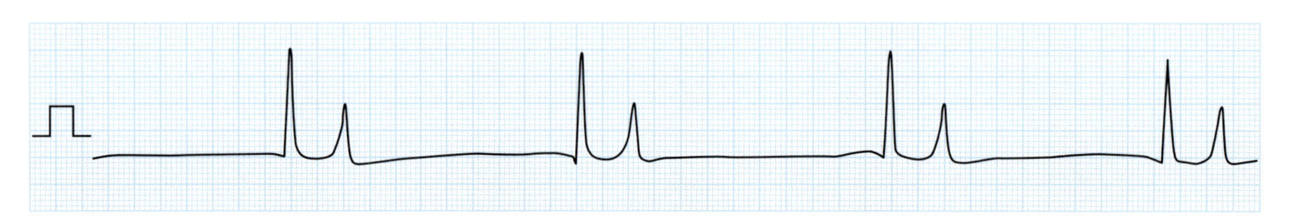

図 7-33　高カリウム血症に伴う心電図変化（2）（Ⅱ誘導，イヌ）

血清カリウム濃度が 8.7mEq/l に上昇した際の心電図．テント状 T 波が見られることに加え，P 波が消失していることに注目．その後，この症例は心室細動を経て死亡した（図 7-29 と同一症例，縮小して掲載）．

P 波が消失した症例のうち，心拍数が低下していない場合は洞室調律，低下している場合は心房静止に陥っているのかも知れない．

以上，この Part で述べた各種病的心電図の特徴を 5 つのチェック・ポイントに基づいて表 7-2 に要約した．

9 抗不整脈薬および迷走神経刺激法

最後に，病的不整脈の治療に用いられることが多い各種抗不整脈薬について述べる．さらに，頻脈性不整脈の診断および治療の際に活用される迷走神経刺激法についても解説する．

なお，イヌおよびネコでは各種抗不整脈薬の使用法は十分には検討されていない．以下に示す使用法は将来の研究などにより見直される可能性がある．

（1）ジゴキシン

ジゴキシンは強心効果を発揮するいっぽうで，迷走神経を刺激し洞結節での刺激生成頻度を低下させ，さらに房室結節でのインパルス伝導速度を遅延させる．このため，ジゴキシンは心房細動などの上室頻拍の治療で選択される．これに対して，この薬剤は心室不整脈を悪化させるため，この不整脈では禁忌である．

ジゴキシンは中毒を起こすことがあり，特に腎機能低下または低カリウム血症は中毒リスクを高める要因である．軽度な中毒では下痢，嘔吐，食欲不振などが見られるが，悪化すると不整脈が見られることが多い．この不整脈について注意すべきことは，ジギタリス中毒では頻脈性不整脈だけでなく，徐脈性不整脈も発生する点である．治療では，ジゴキ

表 7-2　5 つのステップに基づく各種不整脈の心電図所見のまとめ

		心拍数	調律	P 波	QRS 群	P 波と QRS 群の関係
正常洞調律		○	○	○	○	○
洞頻脈		↑	○	○	○	○
洞徐脈		↓	○	○	○	○
洞不整脈・呼吸性不整脈		↓	×	注 1	○	○
洞停止・洞房ブロック		↓	×	注 1	○	○
房室ブロック						
	第 1 度	↓～○	○	○	○	×
	第 2 度	↓	×	○	○	×
	高度	↓	○～×	○	○	×
	第 3 度	↓	注 2	○	○	×
心房細動・心房粗動		↑	×	×	○	×
心室期外収縮		様々	×	×	×	×
心室頻拍		↑	○～×	注 3	×	×
心室固有調律		↓	○	×	×	×
促進心室固有調律		○	○	×	×	×
上室期外収縮		様々	×	×	注 4	×
上室頻拍		↑	○	注 3	○	×
補充収縮		↓	×	×	注 5	×
副収縮		様々	×	×	×	×
融合収縮		様々	×	○	×	○
脚ブロック		様々	○	○	×	○
WPW 症候群（非発作時）		様々	○	○	○	×
心室細動		注 6	×	×	×	×

○：正常，×：異常，↑：上昇，↓：低下
注 1）ワンダリングペースメーカを伴っている場合，P 波の形状が変化すること以外は正常
注 2）一般的には心室は規則的に拍動するが，補充収縮が発生すると不規則になる
注 3）P 波の形状や発生周期を確認できない場合がある
注 4）心室内変行伝導を伴うと QRS 群持続時間は延長する（コラム参照）
注 5）上室補充収縮では QRS 群は変形しないが，心室補充収縮では持続時間が延長する
注 6）律動的な心収縮をしないため，心停止と見なすことができる

シンの休薬が不可欠である．

使用法はイヌでは 0.005 ～ 0.008mg/kg（1 日 2 回），ネコでは 0.007mg/kg（隔日投与）である．

(2) ジルチアゼム

ジルチアゼムはカルシウムチャネル拮抗薬の 1 つで，房室結節での伝導速度を遅延させる．しかし，同じカルシウムチャネル拮抗薬であるベラパミルとは異なり，血管拡張作用は弱い．また，心収縮性もほとんど低下させない．ジゴキシンと併用することで，これらを単独で投与した場合よりも心房細動のイヌの心室拍動数を低下させることが証明されている．無論，他の上室頻拍にも使用できる．

副作用はまれに見られ，食欲不振や徐脈が時として発生する．ネコでは肝酵素活性の上昇に加え，攻撃行動など性格の変化が報告されている．

使用法はイヌでは 0.5 ～ 2.0mg/kg（1 日 3

回，経口投与)，あるいは 0.15 ～ 0.25mg/kg（2 ～ 3 分かけて静脈内投与，効果が出るまで 15 分毎に反復，但し 0.75mg/kg まで)，ネコでは 1.5 ～ 2.5mg/kg（1 日 3 回，経口投与）である．

(3) β遮断薬

プロプラノロール，アテノロール，メトプロロール，エスモロールなどがあるが，このうちβ受容体に対する選択性，効果の持続時間，そして動物での情報量を考慮すると，アテノロールの使用が最良だと思われる．

アテノロールは選択的 β_1 受容体拮抗薬で，洞結節でのインパルス生成頻度および房室伝導速度を低下させる．交感神経の緊張による心室不整脈の治療にしばしば使用される．他のβ遮断薬と同様，虚弱や心不全の悪化といった副作用を示す．

使用法はイヌでは 0.2 ～ 1.0mg/kg（1 日 1 ～ 2 回，経口投与)，ネコでは 6.25 ～ 12.5mg/頭，1 日 1 ～ 2 回経口投与）である．

最近，ソタロールを推奨する専門家が増えている．ソタロールは非選択的β遮断薬であり，同時にカリウムチャネル遮断薬でもある．高用量で投与すると心筋の活動電位および有効不応期を延長させるいっぽうで，伝導速度には影響しない．心室不整脈，特にリエントリーにより発生した心室不整脈に有効な薬剤である．

ソタロールはβ遮断薬と同様の副作用を示す．また，心不全を悪化させる可能性がある．

使用法は，イヌでは 1 ～ 3.5mg/kg（1 日 2 回)，ネコでは 10 ～ 20mg/ 頭（1 日 2 回）である．

(4) リドカイン

心室不整脈の第 1 選択薬であるのに対し，上室不整脈には無効であることが多い．リドカインは洞結節の刺激生成頻度および房室伝導速度にはあまり影響しない．主にプルキンエ線維の自動能を抑制する．

最も代表的なリドカインの副作用は，イヌでは中枢神経系の興奮で，具体的には興奮，見当識障害，運動失調，筋肉の攣縮，眼振などが見られる．ネコはイヌよりもリドカインに対する感受性が高い．心不全が悪化することはほとんどない．

使用法はイヌでは最初に 2mg/kg をゆっくりと静脈内投与，あるいは 0.8mg/kg/分の速度で持続注入する．ネコでは最初に 0.25 ～ 0.5mg/kg をゆっくりと静脈内注射する．その後，総投与量 4mg/kg を最大として，0.15 ～ 0.25mg/kg で反復投与してもよい．なお，局所麻酔用ではなく，静脈内投与用のリドカインを使用しなければならない．

(5) メキシレチン

心筋に及ぼす電気生理学的特性に加え，血行動態に及ぼす作用および抗不整脈薬としての特徴はリドカインと同じである．このため，メキシレチンも心室不整脈が適応となる．リドカインは経口投与できないのに対し，メキシレチンでは経口投与が可能である．経験的には，この薬剤は単独で投与するよりも，アテノロールと併用すると治療効果が高い．イヌと異なり，ネコでの使用例はほとんど報告されておらず，詳細は不明である．

嘔吐，食欲不振，振戦，見当識障害，洞徐脈および血小板減少症が副作用としてイヌで記載されているが，発生頻度はかなり低い．

使用法は，イヌでは 4 ～ 10mg/kg（1 日 3 回）だが，ネコでは投与量に関する報告はない．

(6) シロスタゾール

シロスタゾールは抗血小板薬の一種で，抗不整脈薬ではない．しかし，心拍数を上昇させる作用が確認されており，この作用を利用して徐脈性不整脈，特に第 3 度房室ブロックでの心室拍動数の増加を試みるという治療法が最近，動物で行われるようになった．このため，他の抗不整脈薬以上に動物での情報が少ない．筆者はイヌおよびネコの両者で 10mg/kg（1 日 2 回）で使用している．

（7）迷走神経刺激法

頻脈性不整脈の初期治療として，迷走神経を刺激することで心拍数を低下させる方法があり，これを迷走神経刺激法という．また，頻脈性不整脈では拡張期が短縮し，P波が先行するT波に隠れているのか，あるいはP波が発生していないかを判断できないことが多い．このような場合，P波の有無を確認するために，迷走神経刺激法が実施されることもある．

1）頸動脈洞マッサージ

総頸動脈が外頸動脈および内頸動脈に分岐する内頸動脈基部が洞状に膨れた部分を頸動脈洞という．頸動脈洞には舌咽神経の分枝（頸動脈洞神経）の終末が分布しており，動脈圧の変化に伴う血管壁の伸展程度を感知し，圧受容器として機能している．この部位の血管壁は平滑筋に乏しく，弾性線維に富み，最も伸展しやすい動脈といわれている．

イヌの頸動脈洞は喉頭部の背側やや尾側，下顎骨の下顎角の直ぐ後方に存在する．心電図モニタ下で，この部位（両側または一側）を指で5～10秒ほど軽く圧迫する．動物が不快感を示したり，いやがった場合，心拍数が顕著に低下した場合には，直ちにこの操作を中止しなければならない．

2）眼球圧迫

この方法も迷走神経を緊張させる．両側の眼瞼を優しく指で圧迫する．眼科疾患に罹患している動物では禁忌である．圧迫する加減は，「熟したブドウを破裂させない程度」といわれている．

3）その他

筆者は実施したことがないが，氷水を入れた小さなバケツに動物の顔または肢の遠位部を短時間だけ浸す方法が紹介されている．動物によっては，上記の2つの方法よりも短時間にして，確実に迷走神経の緊張が促されるという．

参考図書一覧

本書の執筆に際し，以下の文献を参考にしました．本書で心電図学の基礎を学んだ後は，このうち1，2，3および8の教科書に進んでより理解を深めて下さい．

1. Ettinger, S. J., Feldman, E. C. and Cote, E. (2017)：Textbook of Veterinary Internal Medicine, 8th eds, Elsevier Saunders, Philadelphia.

2. 五十嵐正男・山科　章（1997）：不整脈の診かたと治療，第5版，医学書院，東京.

3. Nelson, R. W. and Couto, C. G. (2014)：Small Animal Internal Medicine, 5th eds, Elsevier Mosby, St Louis.

4. Plumb, D. C. (2015)：Plumb's Veterinary Drug Handbook, 8th eds, Willey Blackwell, Ames.

5. 竹村直行監訳（2002）：イヌとネコの心電図検査，ファームプレス，東京.

6. 竹村直行（2005）：HyperBasic 小動物心電図 Ver 1.0，日本臨床獣医学フォーラム，東京（現在入手不可）.

7. Tilley, L. P. (1992)：Essentials of Canine and Feline Electrocardiography, 3rd ed, Lea & Febiger, Philadelphia.

8. 渡辺重行・山口　巖（2006）：心電図の読み方パーフェクトマニュアル，羊土社，東京.

著者略歴

竹村直行（たけむら・なおゆき）

昭和62年：日本獣医畜産大学大学院獣医学研究科修士課程修了，獣医師免許取得
平成２年：日本獣医畜産大学大学院獣医学研究科博士課程修了
日本獣医畜産大学獣医内科学教室助手
平成13年：日本獣医畜産大学獣医内科学教室講師
平成18年：日本獣医生命科学大学獣医内科学教室助教授
平成19年：日本獣医生命科学大学獣医内科学教室准教授
平成21年：日本獣医生命科学大学獣医高度医療学教室准教授（配置転換）
平成22年：日本獣医生命科学大学獣医高度医療学教室教授
平成24年：日本獣医生命科学大学獣医内科学教室第二教授（教室名称変更）
平成26年：日本獣医生命科学大学獣医学科臨床獣医学部門治療学分野Ⅰ教授（組織構成変更）現在に至る．

動物医療センターでは現在，副センター長，内科系診療科長および循環器科を担当．

所属学会等：日本獣医師会，日本獣医循環器学会（理事），日本獣医学会（評議員），日本獣医腎泌尿器学会（理事），日本ペット栄養学会（理事），日本獣医皮膚科学会，日本獣医臨床病理学会，日本循環器学会，日本腎臓学会, International Society of Nephrology, 日本心不全学会，日本不整脈心電学会，日本心エコー図学会および日本肺高血圧・肺循環学会．

連絡先：180-8602　東京都武蔵野市境南町1-7-1
日本獣医生命科学大学　獣医内科学教室第二
電話：0422-31-4151（内線3526），Fax：0422-33-6735
e-mail:nstakemura@nvlu.ac.jp

伴侶動物の心電図
診かたと考えかた

2017年９月15日　第１版第１刷発行
定　価：本体7,000円＋税
著　者：竹村直行

発行者：金山宗一
発　行：株式会社ファームプレス
〒169-0075 東京都新宿区高田馬場2-4-11
KSEビル2F
電話：03-5292-2723　FAX：03-5292-2726

落丁・乱丁本は，送料弊社負担にてお取り替えいたします．
ISBN978-4-86382-084-5 C3047